盐城／地标

丛书主编　吴晓丹
执行主编　朱冬生

中国海盐博物馆

白盐城阙

孙曙　著

江苏人民出版社

图书在版编目（CIP）数据

白盐城阙：中国海盐博物馆 / 孙曙著 . — 南京：
江苏人民出版社，2020.6
ISBN 978－7－214－13228－4

Ⅰ . ①白… Ⅱ . ①孙… Ⅲ . ①海盐－博物馆－中国
Ⅳ . ① TS34－28

中国版本图书馆 CIP 数据核字（2020）第 003835 号

书　　　　名	白盐城阙：中国海盐博物馆
著　　　　者	孙　曙
出 版 统 筹	韩　鑫
策 划 编 辑	强　薇
责 任 编 辑	强　薇　孟　璐
封 面 设 计	许文菲
版 式 设 计	末末美书
责 任 监 制	王列丹
出 版 发 行	江苏人民出版社
出版社地址	南京市湖南路 1 号 A 楼，邮编：210009
网　　　　址	http://www.jspph.com
印　　　　刷	江苏凤凰盐城印刷有限公司
开　　　　本	787×1092 毫米　1/32
印　　　　张	6.5
字　　　　数	86 千字
版　　　　次	2020 年 6 月第 1 版　2021 年 1 月第 2 次印刷
书　　　　号	ISBN 978－7－214－13228－4
定　　　　价	26.00 元

（江苏人民出版社图书凡印装错误可向本社调换）

"盐城地标"编委会

总 序

　　"盐城地标"丛书，是一部记录盐城历史、反映盐城文化、展示盐城风采、弘扬盐城精神、讲好盐城故事的系列图书。

　　盐城地处黄海之滨。长江水系、黄河水系、淮河水系、大运河水系历史上都曾分分合合在盐城奔流而过。黄河文明、长江文明、淮河文明、大运河文明都曾在盐城汇聚，又从盐城辐射至广袤的大千世界。

　　盐城有漫长的海岸线，幅员辽阔，地势平坦。自春秋战国以来这里就是东周封国的屯兵存粮之所，吴、楚两国的战略供给基地。秦以后，这里作为楚汉相争之地数度易手。到了东汉末年，吴大帝孙权的父亲孙坚曾在盐城任过八年县令，这里成为孙坚培训孙策、孙权称霸东吴学习军政、学习民政的大学堂。孙权称帝以后，为了感念盐城对东吴帝国的建国之功，无论在动乱还是和平时期，东吴都把盐城当成制胜创业的福地，始终掌握着对盐城的实际控制权。纵观数千年盐城史，先有楚汉之争，再有孙坚置县，范仲淹兴修水利，陆秀夫匡扶南宋王朝，明嘉靖首辅李春芳在盐城修建东岳庙，明万历县令杨瑞云为铭记治水功绩将东岳庙改名为泰山庙。抗日战争时期，新四军在泰山庙重建新四军军部，领导华东、华中、华南的抗日游击战，在盐城上演了一幕又一幕伟大的民族抗争。

海华盐晶，盐阜大地因有盐而变得有滋有味、坚韧厚重；

鹤翔鹿鸣，世界遗产因为有了盐城的绵长湿地，增添华彩丰润；

苦难辉煌，新四军在盐城重建军部，纵横驰骋砥柱中流，书写出世界反法西斯战争壮美华章中不可或缺的一页……

盐城有太多的人文历史，沧桑厚重；盐城有太多的大自然的神奇，鲜活灵动；盐城有太多的不可预期的崭新未来，美好璀璨。"盐城地标"丛书，一定会以其独特的文化视角纵览盐城千年历史的风光，也更加关注当今盐城人民为实现新时代的繁荣强盛所取得的辉煌成就：

承载着新四军战斗历史的盐城新四军纪念馆，展现着新四军将士用忠诚与热血铸就的铁军精神，已经永远载入中华民族的光辉史册；

淮剧，历史上曾与京剧、黄梅戏、评剧、秦腔一起，共同唱响大江南北、长城内外，盐城正是淮剧的故乡；

丹顶鹤，是盐城人民引以为骄傲的珍禽。盐城是中国丹顶鹤最大的越冬地，建有国家级自然保护区，被联合国教科文组织纳入"世界生物圈保护区网络"；

麋鹿，原产中国，长相独特，像马、像鹿、像骆驼、像驴，又不全像，各占一部分，所以又名"四不像"，为世界珍稀动物。盐城中华麋鹿园，也是世界唯一以"湿地生态、麋鹿保护"为主题的国家 5A 级旅游景区，每年吸引着来自世界各地的游客；

在 2019 年联合国教科文组织世界遗产委员会会议上，中国黄（渤）海候鸟栖息地列入《世界遗产名录》。位于盐城的该项目，填补了我国滨海湿地类遗产的空白，成为全球第二块潮间带湿地遗产；

人与大自然争夺土地，已成为人类社会发展史上难以避免的抗争。上天眷顾盐城这片沧桑又厚重的土地，由于海潮的自然减退，盐城每年都新增数万亩土地，将共和国的疆域不断扩大……

这一切都是讲好盐城故事，做好"盐城地标"丛书的素材。

盐城优秀的历史文化是八百万盐城人民世代传承的精神动力，它不仅承载了千年历史的沧桑辉煌，更闪烁着与时俱进的时代光芒。党的十九大报告指出，文化兴国运兴，文化强民族强。没有高度的文化自信，没有文化的繁荣兴盛，就没有中华民族的伟大复兴。盐城的名城名镇名村、红色文化、自然景观、风土人情、地方戏曲等诸多方面，是盐城优秀历史文化的集中展示，也是延展千年文脉、推动文化建设、凝聚精神力量的创新实践。"盐城地标"丛书将以高水平讲好盐城故事，高品质传承好盐城的历史文化，让一代一代盐城人更好地品味盐城的文化内涵，让盐城的历史遗存、红色文化和自然精华在新时代绽放出华彩烁辉，为绘就"强富美高"新盐城的宏伟画卷提供强大的精神动力和文化支撑。

"盐城地标"丛书编委会

2020 年 1 月 1 日

目 录

Contents

序言

001

熬波煮盐沧海曲

007

国之命脉仰盐课

045

但逐盐利走江海

081

凭海临风兴盐城

117

—

把酒持盐饮日月

155

—

后记

187

—

参考文献

191

—

序　言

盐城，屹然横峙海上！

这样激情、自信、豪迈地称颂乡邦的，是明朝万历年间编纂的《盐城县志》。从古到今，盐城都配得上这传奇性的赞誉。

盐城，因盐而生，因盐而名，因盐而兴。东襟黄海，西带诸湖，湖海间淤生滩涂草荡，大地由此而生而长。先民自古煮海为盐，"环城皆盐场"，

万历《盐城县志》

盐场万灶青烟，盐仓千峰白雪。天下咸淡，率系于之；国之财用，多出于此。

今天，一座白盐城阙，一座盐的城池，巍峨矗立在盐城，这就是中国海盐博物馆。当其雄奇的身姿进入你的

视线，你会油然而生屹然与横峙之感。博物馆门对一条古道，古中国绵延最长的挡潮防洪之堤——范公堤，是范仲淹当年监修的捍海堤。范堤烟雨，风柳莺滑，润绿盐车蹄声。背靠一条长河中国最长的盐运运河——串场河，串起数百里盐场之河。串场夕晴，烟波苍茫，明灭盐运千帆。中国海盐博物馆，是串场河与范公堤两条绸带正中心绾结的一颗灵珠，海盐之魂宅此而光耀于世。

一捧盐，洒落滩涂。这是中国海盐博物馆的设计理念。盐的晶体，莹亮剔透，是最单纯的立方体，有规整而刚健之美。海盐博物馆一长列高低纵横、层见错出的屋脊线，将晶体棱边的粗直线条堆叠成峰岭林立之状，嵌突而出大小不一的多个钢架玻璃的立方体，更是完整的盐晶造像。空中俯瞰，可不就是一粒粒散落海滩的盐晶？当其映入璀璨星空，分明是一颗颗闪烁的星空之晶。其建筑形貌，又如一座座盐仓拔地破空，彼此掩映，峰峦如聚，正是盐城古十景之一盐岭积雪。墙脚门前，一级级狭长的水池叠拥而至，就如海潮卷滩，浪浪相逐，涛声在耳；又如盐池层层级级，盐花绽放，盐晶铺积。这幢张扬着现代意味的建筑，抽象了自然之美，又蕴蓄着历史兴味，日日与往昔的帆影蹄声对话，吸引着人们前来探求自然、历史与生命铭刻的盐的密码。

盐晶耀目，星芒闪烁，博物馆的内部空灵生动，简单的"晶体"组合，构建了变化丰富的多维空间。大厅、展厅、学术报告厅、廊道、庭院、辅房等各种体块的建筑功能体组合穿插，虚实相映。屋顶、廊道、边墙的天然采光与透映的自然景观，内庭敞亮的草坪绿树，给予建筑清新的呼吸和韵律，又扫除了展馆封闭空间与展品深邃时空的沉郁。

2006 年 1 月 23 日，经国务院批准，中国海盐博物馆在盐城开建，2008 年 11 月 18 日建成开放，2019 年 5 月 28 日升级改造后重新开放，是目前我国唯一一座征集、典藏、陈列和研究中国海盐文明的综合性博物馆，馆藏丰富，展陈精美。来自悠远时空的文物文华灿烂，刻写了盐与中华民族的丝丝交织，讲述着盐与人类生活的息息相关，盐业兴替、盐民苦辛、盐政更迭、盐商浮沉、盐味珍馐、盐俗盐景，盐踪勾探，每一部分都源流清晰，文物流光溢彩，一部海盐传史诗壮阔。唯海为大，唯盐能调，其间又有一阕盐城海盐兴城的华章。

盐，百味之祖；盐，生民喉命；盐，国之大宝。走进中国海盐博物馆，走进白盐城阙，走进地球之盐、人文之盐、历史之盐、盐城之盐、传奇之盐。

◇熬波煮盐沧海曲

当人类来到海边，盐就注定要从波涛中出现。

盐城所临黄海

生命，源自海洋，每个人都刻印着海洋的记忆。胎儿在子宫孕育，羊水就是海洋。血和眼泪都是咸的，生命体液中的盐分近似海水。人类生命系统需要一定的盐来调节平衡，来运转维持。盐，让每一个生命变成大海，大汗淋漓的人们散发出海的气息。

盐，生命之侣。

勇敢智慧的先民们来了，他们喝令茫茫大海敞开无尽宝藏，他们驯服滔滔巨浪捧出生命之盐。

夙沙煮海

迈入博物馆大厅，迎面而来的是投影视频的照壁。照壁上光影流动，鸟瞰镜头气势恢宏，一部名为《走进海盐》的短片缩影五千年古国的海盐传奇。短片映毕，流光溢彩的视频照壁分成五扇排门，倏然打开。

历史的大门向你敞开了。

序厅，《煮海熬波》的大型雕塑赫然矗立。长方形的坡面台基上，前面是古代制取海盐的场景，五个盐丁

有割草的，有堆盐泥
的，有翻草灰的，有
舀卤水的，有扫盐的，
最后是宝座上魁梧而
威严的王，披发，裹袍，
肌肉虬结，手持权杖，
他就是传说中最早制
取海盐的夙沙。

在远古，炎帝神
农氏族有一个叫夙沙
的部落，生活在今天
的胶东半岛，渔猎为

夙沙塑像

生。部落有位少年叫瞿子，英勇而聪慧。一天，他照旧
用陶罐打上海水，点起柴火先烧水，准备煮鱼。突然有
头小野猪窜过去，瞿子拔腿就追。等他捉住野猪背回来，
海水已经烧干，罐底有薄薄一层精细的白晶。瞿子用手
指沾点一尝，咸得口渴。他就着火烤了鱼和野猪肉，香
味四溢。善良的小伙子喊来族人分食。他把那些白晶撒

了些在烤鱼烤肉上，大家舌齿一动，满口美味。好吃！真好吃！族人赞不绝口。"从来没吃过的好吃！"族中年纪最长的老祖母说。瞿子告诉大家这些白晶怎么得来的，夙沙部落就这样过上了咸淡有味的生活。因为是海水煮出的白晶，海是龙的世界，瞿子就叫这种白晶为龙沙。夙沙族人用龙沙佐餐吃了一段时间，越来越精神，越来越强壮。部落首领老了，族人推举瞿子担任新的首领。在瞿子的带领下，夙沙部落越来越强大，他们食用龙沙的习惯散布到四方。炎帝也知道了，召见瞿子，夸赞龙沙调味强身。瞿子就这样成为炎帝的重臣。炎帝让仓颉给龙沙造一个名字，仓颉想出了"鹽"（盐）字。后来，人们就以族号夙沙代称瞿子，尊之为盐宗。

口耳相传的传说，在流传中总会产生变体。夙沙煮盐的传说，还有一个影响较大的版本，说一次海啸中，瞿子的母亲和众多乡亲被海中恶龙夺去生命。悲愤的瞿子发誓要把大海煮干，制伏恶龙，他不分昼夜用陶罐舀来海水烧干。时间一长，瞿子发现每次一罐海水烧干后，罐底总有些细细的白晶粒，他尝了尝，味道咸咸的、涩涩的。盐，就这样被发现了。

其实，夙沙煮盐不只是传说，也是于史有征的。不晚于战国成书的古籍《世本》就说"夙沙作煮盐"，西汉司马迁《史记》也记载"神农时有夙沙氏，煮海为盐"。东汉许慎《说文解字》也说"古者，宿沙初作煮海盐"。古籍上，夙沙氏又称宿沙氏、质沙氏、宿沙瞿子、夙氏，《左传》《吕氏春秋》《逸周史》等都有提及。还有人认为《山海经》提到的竖沙也即宿沙。著名的晋侯苏编钟，其铭文记载周宣王命晋侯"伐夙夷"，学界公认此夙夷即宿夷，属于东夷族群。夙沙自然是夙夷，当然也是东夷。历史上是否有瞿子这个人，海盐是否为夙沙族首先制成，尚不能下断论。夙沙煮盐，应该是发现盐的集体智慧的个体人格化象征。生活在海边的东夷先民们，在长期生活实践中获取了盐，并摸索出煮煎海盐的工艺。南宋罗泌《路史》引晋人吕忱言"宿沙氏煮盐之神，谓之盐宗，尊之也"，可见不晚于晋代，宿沙氏已被尊为盐宗。

夙沙煮盐的故事发生在三皇五帝时期。《尚书·禹贡》称，青州（今山东北部）"厥贡盐绨"，就是说约公元前 21 世纪的禹夏时，海盐已是贡品，足证我国是最早人工生产食盐的国家之一，这也已被考古证实。早在 20 世纪，盐城与连云港、南通等市多处发现先秦盐业遗址，60 年代，在连云港赣榆县发现方志记载的春秋时莒国盐官驻地盐仓城遗址；90 年代，在盐城市建湖县上冈镇利群村和市区迎宾北路都发现了东周时期的制盐遗址。进入 21 世纪，我国的盐业考古接连获得重大发现。2003 年，山东省寿光市双王城水库周围，挖掘

双王城遗址

出商周时期的古盐场，保留有完整的制盐作坊、卤水井、盐灶、储卤坑等重要遗迹，出土大量煮盐用的盔形陶器。遗址面积约三十平方公里，双王城遗址被评为 2008 年全国十大考古新发现。2016 年，在浙江省宁波市大榭开发区下场村，发掘出古代盐业生产遗址，又将中国的制盐历史向前推了一千多年。大榭遗址二期遗存，约在公元前二十四世纪到二十一世纪的良渚文化晚期，遗迹发现有盐灶、煮盐的陶缸陶盆、制盐废弃物堆等。这是目前发现的我国沿海地区制盐的最早证据，大榭史前制

大榭遗址复原盐灶

盐遗址考古发掘项目也荣获全国"田野考古奖"。

夙沙，伟大的先民创造力的代表和象征。燧人始火、神农始稼、嫘祖始蚕、夙沙始盐，这些永远值得后代铭记的先人们，一次次创新了华夏民族的生活方式，推动了中华文明和人类社会的发展，为人类带来了福祉。

盐字探源：鹽、卤、鹹、鹻

夙沙塑像的目光所示，正是第一展厅"引海制盐"的入口。这里陈列的文物，是先民制盐的工具，展陈有序地讲述着海盐的发端。

小篆"盐"

我国盐业资源丰富，海盐、井盐、池盐、泉盐、湖盐、岩盐储量丰富且分布广泛，各民族的先民们都从远古就开始人工制盐。但是，在早期汉字中却有一个奇怪的现象：甲骨文和金文中没有盐字。

先认认汉字吧，卤、鹽、鹹、盬这四个字认识吗？

卤、鹽、鹹是卤、盐、咸的繁体字，和它们的小篆字形差异不大。商代的甲骨文、金文中都没有盬字，金文中有卤字，卤是比盐更早出现的文字。《说文解字》云："卤，西方鹹地也，从西省，象盐形。"先秦时期，古中国中心区域的人们生活在内陆黄河中游这一带，其西域有河东盐池（今山西运城解池），人们也早就食用

长城河仓城脚下的盐碱地

小篆"卤"　　　大篆"西"

盐，称之为卤。另有人认为卤的本义是西边的盐碱地，也指盐碱地里泛出的碱花，所以金文中卤与西通。

当东夷部落的海盐传入后，因其味美而不涩，迥异于盐池之盐，新字鹽就出现了。西汉司马迁《史记·货殖列传》记载"山东食海盐，山西食盐卤"。此处的卤不是今天的卤水之意，而是指河东盐。因为河东盐质量不稳定，不经炼制，多大粒，多苦盐，所以又字之为鹽。当地人热爱家乡，说鹽蕴含运城盐池古老之意，其字形至今没有简化。鹹字较为晚出，约在春秋时期，推行简化字后简化为咸。

《说文解字》云："鹽，鹹也，从卤监声。"清代段玉裁《说文解字注》释为："鹽，卤也"，又进一步注释"天生曰卤，人生曰盐"。他认为，盐和卤是一样东西，只是有人工与天然的区别，自然形成的称"卤"，人为煮制的称"鹽"。鹽从字形来看，是上下结构，上部左为臣，右是一个人一个卤，下部是器皿的皿（也有人认为是血字，祭祀时将人或牲的血盛在器皿中为祭）。这

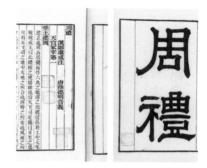

《周礼》

个字形，有的研究者解释为一个人将卤水倒在煮盐器皿中制盐、一个官员在一旁监督，也有人说是表示将盐盛进俎豆进行祭祀。现存古籍中，《周礼·天官》就提到了周制百官中有掌管宫廷用盐的盐人一职："盐人掌盐之政令，以共百事之盐。祭祀，共其苦盐、散盐。宾客，共其形盐、散盐。王之膳羞，共饴盐。"苦盐就是鹽，指产自河东盐池的盐。散盐，即海盐，《史记索隐》云："散盐，东海煮水为盐也。"海盐，海水煎煮而成，一般是细小的白色颗粒。形盐，汉代经学大师郑玄注解说："形盐，盐之似虎者。"饴盐，一种带甜味的岩盐。郑

玄的注解是："饴盐，盐之恬者，今戎盐有焉。"恬即甜。饴盐是最好的岩盐，因为这种盐出自戎地，又叫戎盐。从《周礼·天官》中的这条记录，可知当时的中国，食用盐种类丰富，物品交流频繁。而依权力等级食用不同品级的盐的规定，也说明盐已是形塑权力秩序的工具。

人类发现盐，生产盐，盐既满足了人们的生活需要，促进了族群交流，但也被权力征召，成为维持秩序与制度的工具。

煮盐重器：牢盆、盘铁、锅丿

制盐之法，不外乎煮盐、晒盐两种。从目前的考古资料和文献看，人类最早的海盐制法是煮盐。

煮盐得有锅灶。中国海盐博物馆收集了我国自古到今的煮盐锅具，种类齐全，形成了演进序列。史前及商周制盐使用陶制盔形器、陶制圜底罐、陶缸、陶盆，汉代为牢盆，唐宋元及明初为盘铁，明中晚期和清则为锅鑿。煮盐之灶往往巨制，灶口有七八眼甚至十二三眼。

盔形器

盔形器　博物馆收藏的盔形器都来自山东双王城遗址，高约二十五厘米，口径约二十三厘米。其时盐灶为椭圆形和长条形，灶上搭设网状架子置放盔形器，一个盐灶能放置二百多个盔形器。盔形器加满卤水，生火煎煮，卤水蒸发后，再不断添加卤水。待盐满至盔形器口停火。盐块冷却后，打碎盔形器，取出盐块。每个盔形器至少能装五斤盐，一次举火便可获取千斤盐。

牢盆　《史记·平准书》录大农丞东郭咸阳语："愿募民自给费，因官器作煮盐，官与牢盆。"汉画像石中也有一灶五盆的煮盐图。明李时珍在《本草纲目·金石五·食盐》引宋代大科学家苏颂言曰"煮盐之器，汉谓

《天工开物·作咸》牢盆图

之牢盆"，稍为晚出的宋应星在《天工开物》中也说"凡煎盐锅，古谓之牢盆"。历来注解者对牢盆众说纷纭，特别是牢之意，有人认为是制盐场所，有人认为是坚实牢固，有人认为是租金。盆者，圆形，底平，边厚。1999年，四川省蒲江县出土一个汉代牢盆，该盆用生铁铸造，敞口，方唇，浅腹，平底。口径一百三十一厘米、底径一百厘米、高五十七厘米，厚三点五厘米，重数百斤。器形规整，盆壁厚薄一致，内外壁光洁，盆内壁铸有隶书"廿五石"，廿五石应是牢盆的标准用铁量。盐城市属东台市东台镇三灶村也有一件铁镬，清代出土，高

九十厘米，口径一百五十八厘米，重约五千多斤，疑是
牢盆，与蒲江牢盆形制类似，大小相若，唯无铭文。

　　盘铁 是唐宋时代使用的大型铁铸煎盐器。海盐博
物馆有出自本市的盘铁藏品展出，都是一级文物。目前
发现的盘铁分为两类，一类为整块盘铁，如盐城市中心
县前街出土的一件展品，为平整的圆铁（据此形状盘铁
应叫铁盘才是），直径近两米，重约两千公斤，是目前
我国发现的唯一一块整块盘铁。关于盘铁，史载甚少，
清《如皋县志》说其"非锅非灶，无边无棱，非目睹其

盘铁

产盐，则不知此为何物也"。而且史书不载整块盘铁，盐城的发现可补史缺。另一类为切块盘铁。宋元及明初，官府铸造可以拼为一块的多件不规则平整厚铁块，每块重约五百至一千公斤。开灶煎盐时，先拼凑好盘面，用灰泥抹平缝隙，再用芦辫栏围作锅边，就可开灶煎盐。切块盘铁展藏品出自盐城市滨海县沉船。元代陈椿所著《熬波图》是唯一收入《钦定四库全书》的盐业典籍，其中有切块盘铁图文，图中盘铁组合好后如龟甲。切块盘铁是官盐制的产物，为防止私煎，平时分散置于盐民

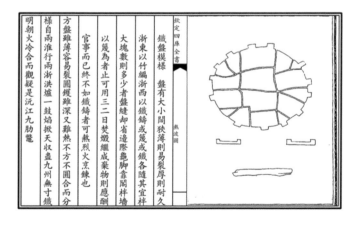

《熬波图·盘铁》

各家，官府批准并在盐官监督下，"合数角为一盘"方可举火煎盐。盘铁边缘有方齿，便于搭灶与搬移。一架盘铁一昼夜可熬盐五六盘，每盘成盐一百斤，日产量五百至六百斤。陈椿还说盘铁有大小阔狭之分，大者两万斤，每块都需数十壮汉杠抬，方可拼凑成盘。盘铁与牢盆一样，都由官制，盐城市建湖县上冈镇有处地方叫铁丝湾，据县志和考古发现，此地当为汉代铁官冶铁作坊遗址。市区沙井头一带多处出土残铁器、数百公斤铁块、铁矿石等，大概也是一处官监铁作坊。龙冈杨家河也曾发现三里长的铁砂铁块遗存带。冶铁遗址这么密集，可见制盐铁器需求之盛。在浙江福建等地，当地盐民用竹子编制成篾盘，里外周遭都用蜃蛤烧成的石灰涂抹严实，称为竹盘，与盘铁同功。

锅鐅 盐城以盐名，多盐味地名，如灶、场、仓、团等，其中有曹丿、潘丿，令外地人莫名所以。其实，丿即锅丿，又写作锅撇，准确的写法应是锅鐅，当地人嫌鐅字笔画多，以一笔头的丿字相代，它也是一种煎盐锅具。鐅底浅而轻便，便于各家自煎，受热快，

锅鐾

煎盐省工省草。馆藏的鐾就来自东台曹丿，口径一百一十四厘米，中深二十五厘米，有五厘米宽飞沿。明中后期盐政改革，改官灶制为商灶制，官府不再组织海盐生产，而改由盐商组织生产，也由其出资铸造煎盐工具。

盐商无力出资铸造硕大的盘铁，于是广泛改建小盐灶，一灶一锅，将煎盐的工具改成鐾，每鐾一锅产盐四十五斤，昼夜可产盐六百斤。为防私盐，锅鐾铸造必须报官府批准并登记入册，其规格、价格皆有规定，一般重一百四十斤。

王夫之说，"天下唯器而已矣"，"无其器则无其道"。人类创造的工具与器物也是"器"，没有它们，人类的生产生活无从开始。在这些盆形器、盘铁、锅鐾上，有盐的灵魂、盐业的灵魂，有过去人类生活的灵魂。

淋卤煎盐

俗话说，人靠五谷养，盐靠卤水长。俗话还说，弄
盐没得鬼，全靠卤和水。煮盐除了锅灶，当然还得有卤
水与柴草。历代官府以丁或以户为单位，分给灶民盐丁
柴草地，如"洪武年间，编充灶丁，每丁拨予草荡一段"
（《盐政志》），各地标准不一，就是两淮各场也不同，
少的七八亩，多的五十亩以上，富安场等在四百亩以上。
另外，官府还提供生产用地，如晒灰淋卤的卤地、煎盐
的灶房灶舍地、贮放盐斤的仓基地等。

海盐生产最早是以海水煮盐，海水中的盐分含量非
常低，浓度只有百分之三左右，直接烧成盐，产量太低。
战国时齐国宰相管仲说，成年男子一月要食用五升半盐。
那时的一升相当于今天的二百毫升，煮制出当时一个成
年男子一个月的用盐，就得烧干约五十公斤海水。聪明
的先人们为了提高盐分，在制盐过程中逐渐发展出一个
非常重要的环节，就是制卤，形成"取卤——制卤——
煮盐"的制盐流程。

《熬波图·上卤煎盐》

　　卤就是高盐度的咸水。制卤方式的成熟运用是海盐生产技术提高的最明显标志。聪慧的古人发展出多种制卤技术，煮盐的锅具也从盔形器、牢盆等深邃器具，变为盘铁、锅鍪等浅平器具。这反映了制卤技术在发展，卤水盐分在提高。用锅为煮，用盘为煎，自使用盘铁的唐代，文献中的煮盐渐渐变为煎盐。

　　我国商周至先秦的海盐盐业遗址的考古发现表明，其时制卤法已相当高明。从史前大榭遗址可知，当时采用的是海潮积卤法，先在低滩挖坑，坑口用茅草覆盖，上面再堆积收聚的海滩咸沙，涨潮时海水冲灌，咸沙茅草就会吸附盐分，退潮后坑内蓄留的海水浓度变高，而后再取此卤煎煮。对商周双王城遗址的考古分析表明，当时的人们采用的是掘井汲卤法，他们发现临海的地下有浓度较高的咸水，就直接掘井取卤水煎煮成盐。距双王城遗址仅五公里的南河崖遗址，也是远古盐业遗址，时间约在商末周初，考古人员除了挖出盐灶和大量盔形器，还欣喜地发现了一些大面积的草木灰铺成的摊场，含有较高盐分。他们推断彼时的先民已经使用淋卤法制

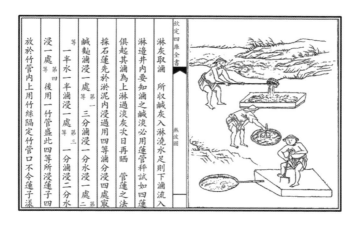

《熬波图·淋灰取卤》

卤，将海水或地下卤水浇泼到草木灰上，等盐花泛出，再刮取盐花，放入卤水坑，浇上卤水，然后用这种浓卤煮盐。

此后几千年的煮盐史中，淋卤煎盐法越来越成为主流。淋卤煎盐法也即《天工开物》《太平御览》所记的淋煎法。其源当为大榭遗址和黄河三角洲盐业遗址（双王城遗址、南河崖遗址、大荒北央遗址）的积卤法。南北朝时期，人们发明刮土淋卤的"刺土成盐法"，又称刺土淋卤或刮泥淋卤、刮咸淋卤。先用人力或牛力耙犁（即所谓刺）海边咸土，隔宿之后，将耕出的咸土收聚，

海南儋州古法制盐 刺土

覆盖草上如土墩，俗称溜或土溜，大溜高二尺左右，方一丈，溜底铺设竹筒，在溜边掘一卤井，用海水浇溜淋卤，卤水经竹筒流入卤井，然后入煎。这是利用滩涂砂性土的"毛细现象"来吸附盐分，砂性土颗粒松散，无粘聚力，透水性强，易于过滤海水。元代盛彧所作《耙盐词》，就写到了这刺土淋卤："朝耙滩上泥，暮煮釜中雪。妾身煎盐不辞苦，恐郎耙泥筋力竭！"但咸土还不是毛细作用获得盐分的最好介质。到了宋代，两淮盐民将刮土淋卤改成晒灰淋卤。晒灰淋卤又称摊灰淋卤，将草木灰铺在海边咸土上来吸附盐分，再用草木灰淋卤。相较土壤，草木灰的颗粒更细，孔隙度更高，对水中溶质的吸附性也更强，制卤的效率也更高。海盐博物馆在馆中篮球场大的最高展厅做了淋卤煎盐的模拟展示。

清初大戏剧家孔尚任到盐城治水，常去滩涂盐场，期间写了不少感怀盐民生产生活的诗文，《西团记》一文就记录了晒灰淋卤法："取卤者先布灰于场以摄海气，场有呆、活，呆者塞，活者通，活为贵。敷灰一日夜，暴之润之，而卤花腾于灰。然后沃以海水，淋以深池。"

枯燥的工艺在生花妙笔下鲜活生动。草木灰对盐卤中各种杂质的吸附性也强，所淋得的卤水煎出的食盐咸味更纯，颜色更白。又因为草木灰易得，本就是烧灶煮盐的下料，减少了耙泥刺土之累，所以晒灰淋卤法得到广泛而持久的使用。

晒海为盐

盐城市滨海县天场乡，明代还是滩涂，有片洼沟，小潮不淹，大潮卷没，退潮后滞纳的海水日晒风吹自然成盐，当时人们称之为天赐沟，地方官以祥瑞报奏朝廷。

晒盐盐田

朝廷即在此设立盐场，因天赐沟而名天赐场，后简称天场。饱和溶液都会析出溶质，这是自然规律。条件适宜，盐晶就从咸水中自行析出。常温下，海水蒸发，浓度达到 24°Bé（波美度）时，海盐开始结晶。河东盐早期就靠捞取自然结晶，后又发展出垦畦浇晒法。人工垦地为畦，畦地与盐池筑水沟相连，池水通过水沟引入畦中，水分蒸发，结晶成盐。早期中华文明的大交融肯定会将池盐生产的晒盐法带到海滨，再加上海盐生产中制卤技术的实践积累、人们日常生活中发现的盐晶自然析出，海盐生产的晒盐法也出现了。和煎盐法相比，晒盐法是制盐工艺史上的一大变革。

传说是北宋时福建人陈应功发明了海盐晒盐法。一次他用海水磨墨书写，砚中墨汁干了，泛出白色晶体，尝之竟是咸味。他遂用石板建池，倒入海水试晒，果得海盐，便推广筑盐埕积海水制盐之法，改煮为晒，后当地盐民尊之为盐公、盐神。另有一说是有个姓陈的发明了晒盐法，因其居住在陈侯（陈应公助宋统一福建，封授平闽将军）庙附近，晒盐法就被附会到陈应功身上。

学术界对海盐晒盐法产生时间争议较大，至今未有定论，一说宋，一说元，一说明，只肯定它大范围的应用是元代以后的事情。成书于万历、崇祯年间的《闽书》记载："盐有煎法，有晒法，宋元以前二法兼用，今则纯用晒法。"明代晒盐法使用广，但"纯用晒法"的说法并不可靠，《明史·食货志》就另有说法，它记载淮盐生产"淮南之盐煎，淮北之盐晒"。地方志记载，20世纪80年代，属于盐城市的东台市才彻底罢除集体生产的煎盐锅灶。一直到今天，广西、海南还有盐民用煎盐法制盐，其盐称为熟盐。孔子说，礼失求诸野。人类的文明与科技的发展，从来不是时间上直线型的更迭，而会在空间区域上出现毛细血管一样的沉积滞留。

晒盐法起初在引纳海潮、淋灰取卤的步骤上与煎盐法相同，区别在于卤水如何加工成盐，"全凭日色晒曝成盐"，因而又叫淋卤晒盐法。淋卤晒盐，先淋卤，然后用卤水晒制成盐。根据盛晒工具又分为埕晒法、砖池晒法、板晒法和砚石晒。埕晒法流行于福建地区，相传即为陈应功所创。埕，意为地坪。用埕晒法制盐，先选一处高地，用泥土筑围，建一个中空的圆形的漏，择邻漏近旁挖建卤池，漏的侧边凿一孔洞与卤池相通，用海水浇灌漏，盐分沉积，浓度较高的卤水就顺着孔洞流到卤池，再将卤池里的浓卤盛到瓦片铺实的埕里去曝晒，

不久结晶成盐。砖池晒法，就是用砖块铺成砖池晒盐。板晒法，是用杉木制成框围的木板晒盐。砚台晒流行于海南儋州，其地海边多火山石，高低如柱础，当地盐民将其凿成浅浅的石槽，边上

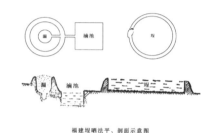

福建埕晒法平、剖面示意图

埕晒法示意图

海南儋州晒盐砚田

凸起，中间磨平，将卤水盛到石槽中曝晒成盐，远远看去如一块块砚台，所以古称砚台晒，现在儋州洋浦县还保留着六七千块这样的晒盐石。历经一千二百多年，晒盐砚田仍然发挥着它晒制海盐的功能。蓝色的大海，黑色的砚状晒盐石，白色的盐花，绿色的椰林，花色的裹着头巾戴着竹笠的晒盐女，这已是海南旅游的名片。

清末，晒盐法进一步发展，出现泥池滩晒法，在工艺上彻底脱离了煎盐法。泥池滩晒是海盐生产工艺又一次重大技术革新，完成了全柴烧蒸发到全日晒蒸发制盐的创举。泥池滩晒法又叫盐田法，依赖广阔的滩涂，开挖众多稻田一样的泥池，逐级降低，引入海水，

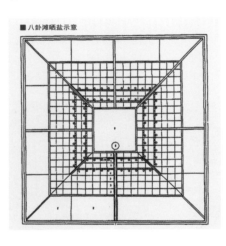

八卦滩示意图

风吹日晒，一池一池提升盐度，直到结晶池晒出原盐。盐池也就被称作盐田、盐滩。百年来，泥池滩晒经过了平面滩、八卦滩、对口滩、塑苫滩的变化。早期平面滩，盐池分散，提卤到结晶的工艺流程还处于摸索阶段。光绪年间，出现了八卦滩，根据八卦、九宫等形制，盐民将滩地设计成八卦形盐田，整个盐田呈正方形，以米字形分八个区域，代表八卦的八个方位，在东北方和西北方也就是生门和开门设两个出口。每个区域又设四个滩池，从外到里依次称大虎眼滩、二虎眼滩、中花滩和廪

塑苫滩

机械采盐

屁滩，最中间是堆盐的盐廪。先将海水引入最外面的大
虎眼滩，曝晒后逐格递进，越往里面滩池卤水的浓度越
高，最后晒制成盐。滩内还挖一条胖头河直通盐廪，用
以运盐。民国时，八卦滩演变为对口滩，以盐场驳盐河
为中心线，沿河两边排列滩池，形成"非"字形结构。
对口滩整齐划一，适应海盐规模化大生产的要求，成为
我国现代盐场的通用滩形。塑苫滩指结晶池全用塑料薄
膜苫盖保卤，又称塑苫池，雨天盖池，晴天收起。随着
科技的发展，今天的盐场在扬水引潮、塑苫收放、扒盐
收盐、输盐上廪等都已实现机械化电动化。20 世纪 90

年代，我国在河南省平顶山市和四川省万县等地上马了真空制盐，真正实现了工厂化现代化制盐。

近些年，国际上已发展出更先进的电渗析制盐法。该技术既可利用海水生产饮用淡水，还可制盐，我国也在开发运用中。

盐丁苦

煮海之人，是为盐丁。

盐丁者，服盐役之丁壮，也称"灶丁"。《宋史·食货志》记载："其鬻（同煮）盐之地曰亭场，民曰亭户，或谓之灶户，户有盐丁。"盐给人们带来美味，盐丁自己却只有苦味。产盐区人都说世上有三苦：烧盐、打铁、

古代盐民生产场景

磨豆腐。清代学者范端昂在《粤中见闻》中慨叹："天下人惟盐丁最苦。"农民苦，自古尚有田园生活的颂歌。且不谈陶渊明的"采菊东篱下，悠然见南山"，但看辛弃疾的《清平乐·村居》："茅檐低小，溪上青青草。醉里吴音相媚好，白发谁家翁媪？大儿锄豆溪东，中儿正织鸡笼。最喜小儿亡赖，溪头卧剥莲蓬。"穷是穷的、苦是苦的，但怡然自乐，真的是有清平之乐。而古今诗文中却从没有盐民的一丝笑意，有的只是悲苦、悲怆、悲号。

天雨盐丁愁，天晴盐丁苦。

烈日来往盐池中，赤脚蓬头衣褴褛。

斥卤满地踏霜花，卤气侵肌裂满肤。

晒盐朝出暮时归，归来老屋空环堵。

破釜鱼泔炊砺房，更采枯蓬带根煮。

糠秕野菜未充饥，食罢相看泪如雨。

盐丁苦，苦奈何，凭谁说与辛苦多。

呜呼！凭谁说与辛苦多。

　　这是清代诗人任宏远所作《盐丁苦》。《盐丁苦》几成古诗乐府旧题与惯用语。明代《淮南中十场志》收录了季寅一首《盐丁苦》："盐丁苦，盐丁苦，终日熬波煎淋卤。胼手胝足度朝昏，食不充饥衣不补。每日凌晨只晒灰，赤脚蓬头翻弄土。催征不让险无阻，公差追捉如狼虎。苦见官，活地府，血比连，打不数，年年三月出通关，灶丁个个甚捶楚。"清末学者欧阳昱《见闻琐录》也有"盐丁之苦"条，叹盐丁"无月无日不在火中。最可怜者，三伏之时，前一片大灶接联而去，后一片大灶亦复如是。居其中熬盐，真如入丹灶内炼丹换骨一样！其身为火气所逼，始成白，继而红，继而黑，皮色成铁，肉如干脯"，而其"所食不过芜菁、薯芋、菜根"，"所衣皆鹑衣百结"，"所居屋高与人齐，以茅盖成"，"故极世间之贫困难状者，无过于盐丁者"。连乾隆皇帝都说，"可怜终岁苦，享利是他人"（《咏煎盐者》）。

　　古代盐民的劳动坏境和生存条件极其恶劣，在海风中、烈日下的滩涂高强度超负荷劳作。煎盐的盐丁苦，晒盐的盐丁也苦；井盐的盐丁苦，海盐的盐丁还苦；前朝的盐丁苦，后世的盐丁更苦。其工劳苦，其生凄惨。顾炎武在《天下郡国利病书》中说，"民间户役最重者莫如灶户"。杜甫有诗句"负盐出井此溪女，打鼓发船何郡郎"，记井盐生产中男女工役之辛劳。元代画家、诗人王冕的诗《伤亭户》，讲述自己亲眼所见老盐民的凄惨生活，"灶下无尺草，瓮中无粒粟"，又被追索盐税，"前夜总催骂，昨日场胥督。今朝分运来，鞭笞更残毒"，老人只有自杀，"天明风启门，僵尸挂荒屋"。明代长芦盐运使郭五常有诗《悯盐丁》："煎盐苦，煎盐苦，濒海风霾恒弗雨，赤卤茫茫草尽枯，灶底无柴空积卤。借贷无从生计疏，十家村落逃亡五。晒盐苦，晒盐苦，水涨潮翻滩没股，雪花点散不成珠，池面平铺尽泥土。商执支牒吏敲门，私负公输竟何补。儿女呜咽夜不饮，翁妪憔悴衣褴褛。古来水旱伤三农，谁知盐丁同此楚。"清代《如皋县志》概括盐民有七苦，"晓露未晞，忍饥登场，刮泥汲海，伛偻如猪。此淋卤之苦也"，"暑日流金，海水如沸，煎煮烧灼，垢面变形。此煎办之苦也"，其他还有居食之苦、积薪之苦、征盐之苦、

西藏芒康女盐民背运卤水

赔盐之苦、遇潮之苦，事事苦，时时苦。海盐生产濒海，海潮、水、旱、风、虫、雪皆能成灾，清雍正二年（1724年）七月十八、十九日，飓风连天，滔天海潮冲破范公堤，溺死两淮盐场男女灶丁五万多人。晚清革新盐政的陶澍也承认，盐民"栖止海滩，风雨不避，烟熏日炙，无间暑寒，其苦百倍于穷黎"（《陶文毅公全集》）。盐民熟语也自诉，"前世不修，生在海头，晒煞日头，压煞肩头，吃煞苦头，永无出头"。

"悲哉东海煮盐人，尔辈家家足苦辛。"（吴嘉纪

《风潮行》)盐民的境遇之惨，不单是生产生活之艰苦，更在于其身份低贱不可改变，几无人身自由。盐业生产关系国家财政和社会安定，历代政府采取强制性措施，将盐业劳动力固定在盐业生产上，这就是绵延千余年的灶籍制度。《大清会典》规定：凡民之著于籍，其别有四，一曰民籍，二曰军籍，三曰商籍，四曰灶籍，灶籍地位最低。灶籍制度在明清时最为严苛，它的定型经历了漫长的发展。唐以前制盐者没有专称，也没有专门的户别，自唐太宗时将河东盐民称为畦夫，始有专称。唐肃宗时称亭户，实行亭户制度，始有盐籍，入籍者不归州县而由盐铁使管理。五代时始有灶户之称，宋元时盐民称呼虽有更变，但有专门户籍专司管理的制度是一样的。明清时，制盐者泛称灶户，编入灶籍，世代相继，不得相更，每户成丁者须缴纳盐课、服差役，称为灶丁、盐丁、煎丁、场丁、盐民、灶民等，如同国家奴隶。明初补充灶户，初从盐场附近民户抽丁，后迁江南人户于海滨"世服熬波之役"（康熙《两淮盐法志》），又发配罪犯到盐场煎盐，"各照年限，计日煎盐赎罪"（《明英宗实录》），据统计，明代灶户总数在十万户上下。清代废除了贱籍，但对灶籍的控制却依然严密，灶民子弟即使连中三元高官厚禄也不得更改灶籍，瞒报盐丁人口、脱逃灶籍、藏隐脱逃盐丁、增减年龄混充老幼躲应差役，按大清律都要抓起来坐四年牢。从宋朝开始，还在盐场实行保甲制，元明清都延续了这个制度，以联保连坐之法监管灶民。即使这样，贫困盐民依然逃亡不绝，历代盐法志经常出现灶户"逃亡过半"的字眼。清中后期盐业衰弊，灶民分化，贫户或沦为盐商富灶的佣工，或逃亡。灶民中还出现田耕为业，只是缴纳盐课的水乡灶户，世袭强役的灶籍制度崩坏。乾隆三十七年（1772 年）正式停止灶户编审造册，滋生人口一律编入州县，灶籍制度遂废。但 1912 年，张謇在《改革全国盐法意见书》中说盐丁"如若逃亡，则罚其子而役之，无子则役其孙，无孙则役其女之夫与外孙，非亲属尽绝不已，丁籍之名有相沿二三百年之久者"，可见灶籍盐役制度此时还在奴役盐民。

　　"煎盐之户多盲，以目烁于火也；晒盐之户多

辛劳晒盐人

跛，以骨柔于咸也。"（王守基《盐法议略·山东盐务议略》）盐民几千年的悲惨境遇，艰苦的劳作与生活、卑贱的地位、人身的不自由、持续恶化的处境、世代难逃的悲苦命运，不载于正史，不显于众闻。一个个王朝兴盛的阴影下，是这些鸠形鹄面的盐丁的悲号。

◇国之命脉仰盐课

盐，是人的命根子。盐，是历代王朝的命脉。

中华文明的早期发展离不开盐，其活动区域不离产盐区，炎黄文明有河东盐池，东夷文明有海盐之产，巴蜀文明有巴东盐泉。盐不仅健壮了中华文明，也数度改变了中国历史的

盐课银锭

进程。黄帝和炎帝的阪泉之战，黄帝与蚩尤的涿鹿之战，学者认为就是因争夺河东盐池而爆发。秦国发动三场"食盐"战争，抢了魏的盐池，坏了齐的海盐生产力，夺了楚占的巴东盐泉，让东方六国回天无力，也让自己从秦国变成大秦帝国。大唐王朝近三百年国祚，因王仙芝、黄巢两个私盐贩子覆灭。横扫欧亚的元朝，也是在贩私盐的张士诚举起的扁担前慌张落马。盐也深刻改变了世界，古罗马不停抢占希腊的盐场、黑海的盐场、中东的

两淮盐运使司衙门

盐场，为了运盐，修建条条通罗马的"盐道"。盐税成为法国大革命的导火索，美国南北战争也因北方军捣毁南方盐场而定下胜负。

盐课银锭

"水咸天地味，潮涌国储泉。"当盐成为人类日常生活的必需品，劳动分工与区域分工扩大，盐将每个人卷进商品贸易，使其成为市场的一分子，推动了更大规模共同体（早期文明中有盐共同体的建构）的建立，盐成为权力舞台的重要工具。社会权力的集中，管理区域与人口的庞大，导致国家管理等公共财政的需求增加，税收出现。在土地税(田赋)、人头税之外，统治者一直渴求新的税源。盐出现了！为了征收更多的盐税，古代中国实行了国家生产、国家营销、国家配售的食盐专卖制。朝代更迭，盐政盐法变革频仍，其宗旨都是为了获取更多的税入和缓和社会矛盾，但由于国家与盐商榨取过重，积弊因循，盐政屡屡崩溃。

唐时"天下之赋，盐利居半"，清时两淮盐利"甲东南之富，我国家国用所需，边饷所赖，半出于兹"。古代中国盐税（盐课）收入仅次于田赋，而海盐占各种盐产总量的80%，所以，海盐业绝对主导了盐政。

天下大计仰东南，东南大计仰淮盐。

亘古华夏第一战

盐政，也可解释为盐的政治。自从有了盐，就有了

蚩尤村村碑

盐的政治。为了盐，早期人类除了贸易，就是暴力，通过战争抢盐，抢夺产盐区。

山西运城

市解州镇是关
羽故乡，但有
个村子从不供
奉关公。这个
村子叫蚩尤村，

黄帝战蚩尤画像石

村民自认是蚩尤的后代。《史记》《山海经》《韩非子》都记载了黄帝与蚩尤之间的涿鹿之战，在以黄帝为正朔的传说里，蚩尤暴虐而好战。而在蚩尤村的传说中，远祖蚩尤是英雄，他首先驾驭牛耕，用牛拉运。他还率族人在附近的中条山开矿冶铜，打造兵器和农具。他又开发盐池，用咸水和甜水混合熬盐。蚩尤与周边八十个部落首领结盟，蚩尤被推为盟主。他们占据盐池，逐步成为黄河东岸最大的部落。为了争夺盐池，生活在渭河流域的黄帝率数万人渡过黄河，与蚩尤部落苦战三年。蚩尤部落因为吃盐，兵强马壮，起初黄帝部落不敌，溃逃到黄河以西。愁闷中，黄帝意外得知蚩尤联盟中的风后与蚩尤有隙，因为蚩尤分给风后的地域处在西南角，所得盐池常年薄收，故风后心怀怨愤。黄帝施计，风后倒戈，内外夹击，蚩尤大败，部族四下逃窜。黄帝擒获蚩尤，将其斩杀并肢解，身、肢、首分五处埋葬，蚩尤被肢解的地方就被称作"解"。山野肃然，胜利者劫掠一空后班师而归。战场沉寂，失败者做了牺牲献祭，残骸堆积，听不到一丝声音，只有蚩尤的血在黄土上流淌，血流聚积到一处，成了盐池，盐池出红卤、红盐。

这是有史以来华夏民族的第一场战争，因盐而起，也促成了中原华夏部族的统一。在反映早期中华民族生活的传说中，有许多因盐而起的战争。藏族史诗《格萨尔王传》就有《保卫盐海》的故事，讲述大英雄格萨尔王率领将士，击败抢夺盐海的黑姜国，保住了盐海。而在巴蜀地区流传的巴人祖先廪君和盐水女神的故事，实际上也是因盐而起的战争的反映。廪君名叫务相，务相统一巴族五姓后，

廪君射死盐水女神

顺夷水沿江而下，寻找宜居地。他们来到盐阳，统治盐阳拥有盐泉的是盐水女神，美丽而又聪慧。她爱上了廪君，希望廪君留下。廪君也喜欢盐水女神，但觉得盐阳不是部族最好的居处，就一直没答应。痴情的盐水女神晚上来陪伴廪君共度良宵，早上就变作飞虫，时刻不离廪君。那些山神水精也来帮助盐水女神，都变成飞虫成群地在天空中飞舞。飞虫愈聚愈多，遮天蔽日，阻挡廪君出行。廪君不辨东西南北，不知道该往何处去。第七个夜晚，廪君剪了自己的一缕青发送给盐水女神，说："你把它佩带在身上吧，它就是我，我永远在你身边，与你同生共死。"盐水女神听了廪君少有的甜言蜜语，幸福地接过这缕青发，就佩带在身上。当早晨盐水女神化为飞虫和其他飞虫飞作一团时，廪君站在钟离山阴阳石的阳石上面，对着青发飘舞的地方，一箭射去，正中盐水女神。盐水女神死了，霎时，飞虫无影无踪。昏暗的天空顿时明亮了。廪君占领了盐阳，顺着夷水而下，建立了夷城，巴国诞生了。

从蒙昧时代走向文明时代，人类学会使用火，告别了茹毛饮血。动物与同类的血，含有大量的盐，这是早期

湖南彭水蚩尤祭祀大典

陕西公祭黄帝大典

人类嗜血饮血以至形成血祭的主要原因，从这个角度看血的崇拜与迷信即是盐的崇拜与迷信。原始农耕的出现，彻底改变了人类的饮食结构。谷物相对于肉类，盐分甚少，人类对盐的需求增长，盐成为必不可少的生活用品。争夺食盐资源也成为部族生活的大事。从传说的谱系看，继"白鹿饮泉""群猴舔地""羝羊舐土""夙沙煮海"这些发现盐的传说后，就是涿鹿之战、廪君射死盐水女神、保卫盐海等争夺食盐的战争传说了。早期文明的发育，总是离不开盐产区。而国家的出现，盐的生产供给征税等就成为国家体制的核心部分，关乎国运盛衰。

官山海后财用足

《尚书·禹贡》曰："禹别九州，随山濬川，任土作贡。"说大禹划分九州，根据山势疏浚河流，按照各地物产情况规定九州诸侯进贡的物资。其中，青州（今山东北部）"厥贡盐绨"，就是说青州必须献贡给天子盐与丝绸，有人讲这是开我国食盐贡税之先河。严格说

齐桓公管仲山海对议雕塑

起来，朝贡制不是财政制度，诸侯向天子、附属国向宗主国进贡财物土产，这是政治制度，国以家并不依赖贡物作为财政基础而运转。禹夏的财政收入靠田赋，《孟子》曰"夏后氏五十而贡"，国家授田一夫五十亩，该农夫就要上交田产的十分之一，顾炎武据此说"古来田赋之制，实始于禹"。九州之贡与田夫之贡不是一回事，禹夏有"五十而贡"的田赋，但没有盐税。

海盐博物馆盐政春秋展厅，有一组真人大小的君臣

《管子·海王》

对议场景雕塑，正是春秋五霸之一齐桓公与其贤相管仲在议政，所议就是官山海之策。桓公想称霸诸侯，缺少财力支撑，就跟管仲商议。桓公先要征收房产税，管仲说，这不是逼着老百姓拆房子吗？那我收林木税，桓公说。管仲说，那老百姓连小树苗都会砍掉。桓公说，这样的话，那收牲口税。管仲说，那老百姓连小牛小羊都会宰掉的。桓公说，那我只有收人头税，老百姓总不会把自己小孩杀掉。管仲说，你这不是变相阉割男女，让夫妻不在一块睡觉不生育吗？桓公发急说，这也不行，那也不行，那怎么弄到钱？管仲微微一笑，说，你怎么没想到盐呢？桓公一头雾水，这还没到饭点呢，我要哪门子盐啊？管仲说，你听我解释啊，十口之家就是十人吃盐，百口之家就是百人吃盐。一个月，成年男子要吃盐五升半，成年女子三升半，男孩女孩算二升半。盐一百升为一釜。盐的价格每升提价半个钱，一釜就可收入五十钱。每升提价一个钱，一釜可收入百钱。每升提价二个钱，一釜可收入二百钱。一个万乘大国，人口总数千万人。算下来一月可征收六千万钱。桓公一拍巴掌，妙啊。而后，管仲又献上铁专营之策，桓公都采纳了。管仲的原话是"唯官山海为可耳"（《管子·海王》），意思由国家控制山林川泽之利，实行盐铁官营。

当时齐国连年大旱，山区颗粒无收，平原也差不多绝收，甚至出现了人吃人，老百姓拖家带口纷纷逃离齐国。管仲带着上千名农夫到海边煮盐，再凑起上千辆马车，把盐运到各国贩卖，买了粮食运回国。管仲又组织人开采铁矿石，炼铁，用好铁铸造剑、矛、戈等兵器，装备齐国军队，差一些的铁制成农具菜刀之类运到各国贩卖，又赚回了大量粮食和钱财。仅仅几个月，老百姓就有饭吃了，逃亡的人也回来了。有了这次官府经营盐铁的基础，齐桓公对管仲更为信任，管仲开始实行官山海制度。管仲征召民众伐薪煮盐，再由官府收购囤积，并且严禁农忙时制盐，以保护农业生产，也控制了盐产量。他还组织贸易，把盐销往魏、赵、卫、宋等国。管仲的经济思想就是"利出一孔"，用国家权力控制经济活动、分配社会财富，他设置了一套国家垄断、政府管制、与民争利的制度。管仲成功了，实行盐铁国家专营后，老百姓并没有赋重之感，齐国也富裕强大起来，齐

四川罗泉盐神庙，中为盐神管仲，炎帝关公配祭

桓公九合诸侯，一匡天下，为春秋第一霸主。

《史记·平准书》称颂官山海之策，说"齐桓公用管仲之谋，通轻重之权，徼山海之业，以朝诸侯，用区区之齐显成霸名"。孔子更是对管仲称颂至高，"微管仲，吾其被发左衽矣"（《论语·宪问》），意思是说，如果没有管仲，我们这些人就要被夷狄统治，成为野蛮人。后代的盐民，也尊管仲为盐宗。

是的，华夏并没有变成夷狄。"夫山泽林盐，国之宝也"（《左传》），"夫盐，国之大宝也"（《三国志》），自管仲官山海始，盐业由国家专营长达二千多年，一直延续到今天。唐代宗时，盐利已占岁入一千二百万缗的大半。宋代，"今日财赋，鬻海之利居其半"（《宋史·食货志》）。元代，"天下每年办纳的钱，盐课办者多一半有"（《元典章》）。明代，财赋"半属民赋，其半则取给于盐策"（《皇明经世文编》）。清初，"盐荚之为额供也，居赋税之半"（乾隆《两淮盐法志》）。国家财用依赖于盐，盐业成了国家的钱袋子，朝代兴替中，盐就成了不为人知的主角。

盐政长河溯源流

2017 年 12 月 26 日，李克强总理签署《食盐专营办法》，该法令自公布之日起施行，其中规定国家实行食盐专营管理，包括食盐生产、销售与储备。从管仲官山海起，历朝都收盐税，而且大多实行食盐专营。代有相异，区域有别，形成我国至为丰富繁杂的盐法文献和盐政实践。

我国古代的盐政史，从大的方面看，就是实行不实行官营，是产运销全过程还是部分环节实行官营垄断的

桑弘羊舌战群儒

发展变化史。食盐为什么要官营？汉昭帝时曾组织过一次大型的宫廷辩论会，全面检讨汉武帝施行的各项政策，主张盐铁官营的桑弘羊舌战执意废除官营的六十多位儒生。桑弘羊问了一个要害问题，如果罢除官营，"内空府库之藏，外乏执备之用，使备塞乘城之士，饥寒于边，将何以赡之？"儒生们死抱以仁治国，出各种空论，但国家实在是要用钱的啊，所以当时主政的霍光虽然憋着劲要打击政敌桑弘羊，但结果也只是罢除了酒与铁的专营，盐还是官营。后来桓宽整理此次庭辩内容，编为一书，这就是世界经济史上著名的《盐铁论》。此后，只有不缺钱的王朝才不实行食盐官营，但哪个帝王不缺钱？

《盐铁论》

食盐官营制，由管仲初创，秦汉至唐为定型期，宋元为演化期，明清为僵化期，近代民国为变乱期。管仲之制，食盐生产以民为主，官府收购，官府运销，税在盐价中。秦承秦国旧制，秦国一直未废商鞅"禁断山泽"之法，盐由官营。西汉初，朝廷与民休息，百姓自由经营盐铁，吴王刘濞煮盐东海，获利丰厚，据以造反。汉武帝时，连年征战，国库空虚，遂用桑弘羊盐铁官营之策，官府置备煮盐器具雇民煮盐，给以工费，盐吏坐市贩盐。官制、官运、官销，桑弘羊变法是食盐官营制定型期两大关节点之一。另一大关节点是唐代第五琦确立、刘晏完善榷（专营专卖）盐法。安史之乱爆发，唐王朝

刘晏塑像

财政陷入困境。肃宗即位后，任命第五琦为盐铁使。第五琦始立榷盐法，实行民制、官收、官运、官销的盐政制度，将新旧盐民都登记造册，编入亭户户籍，"不属州县属天子"，隶盐铁使，免其杂徭，专事煮盐纳官，再由官府运卖。后刘晏接替第五琦任盐铁使，他稍更盐法，盐仍由民制官收，官收之后，将盐税加入卖价转售商人，商人自由运销。此民制、官收、官卖、商运、商销的食盐专营框架，遂为后世沿袭。

演化期的食盐官营制，以榷盐法为基础，其各个环节因时而变，但为国敛财的宗旨不变。宋代盐政最为复杂，有沿袭五代十国蚕盐法，有自创之折中法、盐钞法、引法。但始终不离榷盐法民制、官收、官卖、商运、商销的骨架。

所谓蚕盐法，春贷官盐于蚕农，蚕农收蚕后以丝绢或折钱还贷。折中法，因为边事紧急，粮草难供，招募商人输纳粮草至边塞，政府给予文券，商人持券至汴京换取现钱，或凭券到江淮等地领取盐、茶，转往指定区域出卖。盐钞法，商人交付现钱，买取盐钞，钞上载明盐量及价格，商人持钞至盐场交验后，凭钞领盐运销。引法，蔡京所创，官府印引，编立引目号簿。每引一号，前后两券，前为存根，后为凭证，商人缴纳包括税款在内的盐价领引，凭引支盐运销。元代，沿用引法，强化了盐户管理，规定盐户世代从业，进一步完善盐运司、分司、场、团、灶的组织结构。唯其将盐视作万有钱库，动辄加收盐课，征税过重，盐价奇高，对盐户盘剥过苛，导致盐户大量逃亡，私盐成祸。

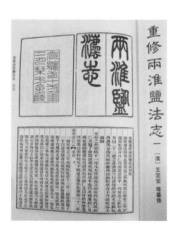

《两淮盐法志》

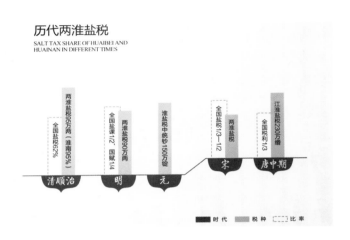

历代两淮盐税统计

明清两朝为食盐官营制的僵化期，将古代食盐官营制的专制性发展到极端，特别是对灶户的管理更为严苛，人身限制更为严格，盐政机构繁冗，日益官僚化，管理刻板邃密，流程繁多低效，官营制非市场化的种种负面效应累积，"讲治盐法，事例丛琐，无益盐利，只足驱民为盗而已"（霍韬《淮盐利弊疏》）。明代盐法基本承袭宋元旧制，初行引法，后仿宋折中法推行开中法。最重大的变革发生在明后期，由盐法道袁世振建议，废开中法，立纲法，将持有盐引的商人编入纲册，世世代代为盐商，而纲册无名者不得充当盐商。自此，沿用八百多年的民制、官收、官卖、商运、商销的就场专卖制，被民制、商收、商运、商销的包商专卖制取代。清代盐政，承袭明末纲法，官督商销，实行专商引岸制，"引"就是盐引，

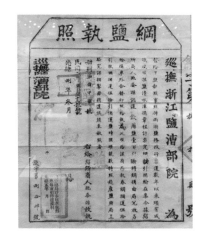

纲盐执照

"岸"是口岸。盐商纳税买盐引，必须按盐引的定额在规定地区采购，也必须在指定地区（口岸）销售，不得销往其他地区。销盐区域的划分多不合理，比如与淮盐产地一江之隔的镇江却要吃浙盐。运盐道远，成本提高，盐价昂贵。官盐价格过高，导致私盐泛滥；私盐泛滥又导致官盐积压，盐商亏蚀，国库减入。

官专营制下，国家与商人但知渔利，置产业发展、盐民死活、人民负担于不顾，盐官盐吏但知索贿自肥，

安丰盐课司

各种社会力量都来贩私盐取利，盐政日趋崩溃。盐政本
为国聚财，却引发社会动荡，动摇国本。道光年间陶澍
改革，废除纲法，实行票盐制，废除原盐商的专卖权，
不管新的商人还是旧的商人，只要交足盐课，就可以领
票运盐。票盐法的实施打破了纲盐的定额、定地、世代
相承，促进了淮北盐的销售。但由于太平天国起义，票
盐法不及推广，对整个国家的盐政之弊无救。纲法也好，
票法也罢，都是以国家敛财为中心的盐政救末不救本的
自救，都只能见效一时。清末，财政困难，连年加增盐

税，"同治以前，盐税收入，岁不过一千二百万两；光绪末年，增至三千万两，其中仍以淮南所入为最巨；宣统末年盐税预算，竟达四千余万之多"（徐弘《清代两淮盐场的研究》），这已经是竭泽而渔、渴饮自血，亡国指日可数了。

鸦片战争后，清政府陆续签订一系列不平等条约，其赔款以盐税为担保，列强开始控制中国盐税。民初，袁世凯用盐税为抵押，向英、法、德、俄、日五国银行团举借巨款，《善后借款合同》规定盐政稽核总所设华总办、洋会办各一员，所有发给引票、款项收支均需洋会办签字才能生效；分所设华经理、洋协理各一员，所有盐税征收、称放盐斤均需洋协理签字同意；每年所征盐款也必须存入外国银行团的银行。就此，中国盐税受外国人控制，盐政主权丧失殆尽。此后虽有张謇等盐务改革家的不懈努力，废除自明末以来绵延三百余年的专商引岸弊政，制订公布《盐法》等盐政法规，使盐务管理有法可依。但由于国内战乱频仍，政局动荡，再加上日本入侵，民国盐政实际上纷乱不一、动荡不定。

中华人民共和国成立，盐业管理纳入社会主义计划经济轨道。国家通过没收官僚资本盐田为国营盐场、引导个体盐民实行集体化生产、对私营盐商进行社会主义改造等步骤，逐步建立起社会主义盐业和专营制度。改革开放阶段，盐业盐政也开始市场化探索，1994年国家实行税制改革，取消盐税，改为分别征收资源税和增值税，绵延两千余年最古老的税种之一的盐税，其名称从此成为历史。2016年，国家对食盐供销价格体制进行改革，取消了食盐产销区限制，全面放开食盐价格，建立食盐市场经营。

史海击浪，盐政纵览，海盐博物馆"盐政春秋"

盐官印

展陈的文物深入到历史的细微处，常令人惊异，如汉代"右盐主官"的盐官印，是用来封印盐垛；清代验发盐商的水程执照，规定了盐船运程运期；《北支那资源读本·盐》，是20

世纪侵华日军为掠夺我国资源所编写。一个普通的参观者，既能接触大量稀有文物，又能够感触盐政变迁与朝代兴亡，探寻盛衰变局的枢机，"盐政春秋"可谓洋洋大观了。

万岁船前运私盐

"盐政春秋"展陈文物中有一个木牌，长方形，略大于成人手掌，顶部截去左右角，上有墨书场号丹书日期等字迹。这是清朝使用的火伏牌。雍正年间始有查验火伏的规定，两淮各场灶举火煎盐须领火伏牌，熄火则缴牌，并限定产量，以一昼夜为一火伏，定额产量为一桶一二分至三四分（每桶为

火伏牌

一百斤），还建立火伏簿稽查时刻核对盐量，这是为防止灶煎之盐超额而流为私盐。清代缉查的私盐名目就有灶私、商私、船私、枭私、邻私、粮私、功私、军私、部私、鱼私、官私这么多，官、商、军、渔、儒、运、灶都卖私盐，可见彼时私盐有多猖獗。而在宋朝，一年仅两淮间就抓捕犯私盐罪者一万七千人，那时私盐也很泛滥。两淮地区有首情歌是这样唱的："亮月子弯弯云肚里钻，姐要偷郎哪怕你看。杀人场上也有偷刀贼，万岁爷面前还有私盐船。"

官营之盐为官盐，有官盐即有私盐，"天下皆官盐，天下皆私盐矣"（冯桂芬《校邠庐抗议》）。凡官营之

《潞河督运图》局部，长芦巡盐御史巡盐

盐政,其天敌与大患即为私盐。食盐走私,古已有之,兴盛起来是在推行划界行盐的唐中叶,尽管时强时弱,但总体上看愈演愈烈,这和盐业生产销售的自由度正好呈反比。历代朝廷一方面掌控盐业生产以防止私产,一方面通过垄断经营以防止私销。其对贩卖私盐食用私盐的定刑不可谓不严酷。唐朝规定盗卖池盐一石者死,五代规定贩卖私盐十斤以上者处死,明代规定灶户"私煎货卖者绞"(万历《大明会典》)。但私盐却从未绝迹,因为其中利益太大。食盐官营目的在盐税,且垄断经营更有垄断利润。盐的产、运、销、食各个环节都可收税,统治者可以恣意妄为。五代后晋实行过、住两课法,关卡、渡口开征过税,城乡店铺收住税,对老百姓还要按户征纳盐税,再加上盐民的课税,这是敲骨吸髓地收盐税。唐玄宗时,盐价每斗十钱;唐肃宗时,每斗加价百钱;唐德宗时为了筹措军费,将每斗盐再增价百钱,盐价涨了近一倍,第二年更涨到每斗三百七十文,这是丧心病狂地抬升垄断价格获取暴利。官府向盐民收购的盐价只有卖价的二三成,甚至不足一成,北宋初年收盐价五文一斤，卖价四十文一斤。清代收盐价十文一斤，卖价五六十文一斤，而私盐"每斤不过三十余文"。私盐价格在官盐半价左右，"私盐价比官盐小，多少贫民负贩回"（王正宜《达县竹枝词》）。垄断价格背离价值，价格低廉的私盐自然行销，清代一些盐政使上奏的折子中，有官盐私盐销售比例"私盐倍于官额""官私之半""食私者十七八"之语，非有夸大，而是实情。

私盐行销，官盐难销，为了保利，更得提价，价高更难销，私盐更受贫民欢迎。官府严打私盐，走私者武力抗拒，盐枭啸聚。盐枭，武装贩私盐者。"枭徒多如毛，淮盐白于雪"（屠倬《枭徒横》），清代盐枭裹挟流民游民，多者千余人，少者二三百，与会党等勾连交结，盘踞码头，扎营要道，官府惧其逼急则叛，多相隐瞒，更纵其气焰。道光年间盐枭黄玉林，贩私规模古今独步，其贩私船只"大者沙船，载数千石"，"小者猫船，载数百石，百十成帮"，而且"器械林立"，上迄鄂赣交界的阳罗、蓝溪，下至江苏仪征，千里运销私盐，甚至抢劫江上官运盐船。唐代的王仙芝、黄巢，就是被高价官盐逼出来的私盐贩子，正是他们率领起义军推翻了唐王朝。五代十国时前蜀的缔造者王建、吴越王钱镠，都曾贩盐为生。元末，浙东的方国珍，"鱼盐负贩"；盐城的张士诚，"兼业私贩"；江阴的朱定，"贩盐无赖"，他们都从私盐贩子发展为盐枭，后来又都纷纷起义，成为推翻元朝的主力军。

私盐行销的原因是多方面的。第一，官盐价格过高。官家要收税、商家要赚钱、盐官要纳贿，官盐价怎能不高。第二，私盐的来源充足。像海盐，其生产原料人人可取，生产工具简单，生产技术低端，所以始终存在生产能力和产品过剩的压力。私盐是这种压力的释放。北宋沈括《梦溪笔谈》就说"官盐患在不售，不患盐不足"。明代霍韬《淮盐利弊疏》也说"淮盐原额办三十五万引有奇，后改办小引七十万有奇，然两淮盐课除正额外犹产余盐三百万引有奇，今正额已不得多取，余盐复不得私卖，即三百万余盐安所消遣乎？"火伏牌的使用正

潞河督运图局部，官兵巡查私盐

说明官府对海盐生产是限额限产的，史上有很多因为食盐积压而限产甚至销毁陈盐的例子，《潍坊盐文化史》就记载了民国九年、十年两次在王官场毁滩毁盐，民国十二年又对其限额生产之事。第三，制度失当。官营制是以剥削盐民为基础的，盐丁如同盐奴，根本没有定价权，食盐的场价过低，盐课又重，为了生存，不得不生产私盐。第四，制度失效。就以明清两代论，其盐法峻酷，也深纳周至，但由于整体性的腐败，各种反面因素相互诱导相互因循，导致盐政沉疴。第五，凡是商品，都有市场化的建构动力，私盐是盐业趋向市场化的结构性动力的释放。所以，从根子上讲，反市场的垄断的官营制才是私盐产生的根本原因。历代王朝对私盐都是采取堵的方法，仅有严松之别。但不解决私盐产生的社会问题，私盐问题就得不到解决。而官营制是各种社会问题产生的根本原因，统治者又怎么会去废除这个国库提款机呢？怎么会去推行自由市场自由贸易呢？官营制这种制度的开始，已经决定了这种制度的必然崩溃。历史照耀现实，这是值得今天的人们深思的。

大清盐案审盐官

清乾隆三十三年（1768 年），夏，山东德州，年过古稀的前两淮盐运使卢见曾退休在家，读诗消暑。忽报亲家纪晓岚纪大人从京城派亲随快马加急送信来，卢见曾取信在手，赶紧拆看。信封内只有盐粒茶叶杂混一堆，信封内外再无字迹物品。卢见曾与纪晓岚俱为当时文坛领袖，这是打什么哑谜？卢见曾思忖中，突然神情大变。几日后钦差上门查抄，卢家"仅有钱数十千，并无金银首饰，即衣物亦甚无几"。

这就是有清一代著名的反腐大案两淮盐引案，列入乾隆朝三大贪污案。新任两淮盐运使尤拔世发现衙门私藏银两十九万，才知自乾隆十一年（1746 年）起，因为淮盐销售区人口暴增，盐量需求随之增加，原来限定的每年盐引数就不足供应，两淮盐政始有预提引法，即提取第二年的盐引计划先用。两淮盐政规定预提的盐引盐税每引三两，而当年盐引收税只有每引一两。但是，这多收的盐税并未解交户部。尤拔世立即上奏朝廷，乾隆震怒，下旨彻查。可所涉盐官查抄时家产寥寥无几，后查出纪晓岚等一众通风报信者。此案涉银两一千多万，结案时判前两淮盐政高恒、普福、卢见曾死刑，高恒、普福立即执行，卢见曾候刑时病死狱中。纪晓岚等也因偷传讯息判决流放。

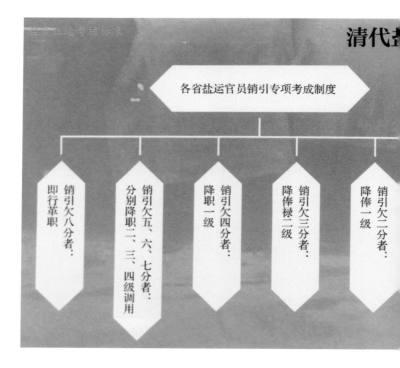

食盐专营，盐商专卖，所依赖者封建专制权力。专制管理体制越延伸，权力寻租空间越大。康熙、乾隆都六次南巡，各地盐商俱有贡纳，这不是贿赂皇帝吗？两淮盐引案中，盐政官员纷纷押狱，人头落地、革职流放、降官降级，而案中涉及的江春等大盐商却屹立不倒，

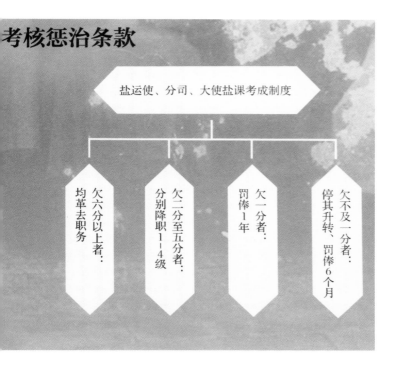

考核惩治条款

盐运使、分司、大使盐课考成制度

欠六分以上者：均革去职务

欠二分至五分者：分别降职1～4级

欠一分者：罚俸1年

欠不及一分者：停其升转、罚俸6个月

这还真不能说没有历年进贡的作用。盐政之腐败当时已成常例，渗透各个环节，曾任长芦盐政使的董椿在奏折中就说："两淮盐政衙门，每日商人供应饭食银五十两，又幕友束脩笔墨纸张一切杂费七十两，每日供银一百二十两。"除了索贿与常例，盐官还与盐商联姻换帖，甚至合伙行盐。官专营制，本就官商不分，官就是商，商就是官，官商勾连互通，焉得不腐？

在康熙朝，有个人想革除盐政之弊，这个人就是曹雪芹的祖父曹寅。曹寅任职两淮盐运御使之初，就向康熙提出革除盐商的四项浮费，其中一项是"江苏督抚司道各衙门规礼三万四千五百两"。康熙朱批叮嘱奶弟，"此一款去不得，必深得罪于督抚！银钱无多，何苦积害"，连皇帝都对这些已成常例的腐败无可奈何，又能怎样？康熙六次南巡，四次住在曹家，耗费巨数，曹寅只有挪用盐课，康熙又叮嘱他"风闻库帑亏空者甚多，却不知尔等作何法补完？留心，留心，留心，留心！""两淮弊情多端，亏空甚多，必要设法补充完，任内无事方好。不可疏忽，千万小心！小心！小心！小心！"一再连连四次反复叮咛，不可谓不殷切。但年年如此的弊政，前塘才填，后洞又漏，哪能补得上？曹寅死，康熙特命曹寅之子曹颙继任江宁织造，两年后曹颙病亡，康熙又让曹寅的侄子曹頫过继过来，并接任江宁织造。任是康熙这样体恤，亏空还是还不上，曹頫被革职抄家。起意反腐，

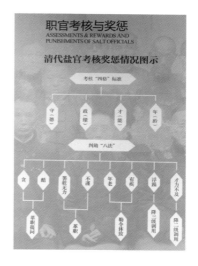

清代盐官总体考核规定

却以腐败告终，虽有个人因素，总是体制促成。

"官不在高，有场则名。才不在深，有盐则灵。斯虽陋吏，唯利是馨"，这是清代人仿《陋室铭》写的《陋吏铭》，收录在钱泳的笔记小说《履园丛话》。清代盐官的考核，有盐引销发指标考核的量化标准，有相当于今天德能勤绩四方面的守（德）、政（绩）、才（能）、年（龄）四格年度考核，有连浮躁都是罪过要降官三级

西溪三相

的整肃弊政的纠核八法。这不可谓不周细，不可谓不严厉，但不见成效，腐败已成盐政常态，专制乃腐败渊薮，其又能奈体制性腐败何？

我国的盐官，最早见诸记载的是周朝的盐人，《周礼·天官冢宰》说"盐人，奄二人，女盐二十人，奚四十人"，奄即阉，就是宦官。几千年间，盐官不知其几，虽史不尽载，但留名者也有香臭之判，除了贪腐渎职者，也有除旧布新的改革者，如桑弘羊、第五琦、刘晏、陶澍等；也有为民造福为国生财者，如西溪三相吕夷简、晏殊、范仲淹。后之视今，亦今之视昔，为政者岂可不惕然自警？

◇但逐盐利走江海

盐之成，火盘出玉屑；盐之储，雪岭立平野；盐之运，白鲸过江河；盐之商，富奢骄王侯。

食盐专营，形成了政策性的产业集聚与产业格局，盐业及其关联产业成为强势产业，人、财、物的虹吸效应，

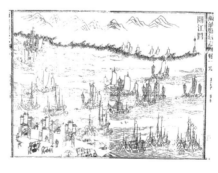

《两淮盐法志·开江图》

深刻而持久地改变了社会。滨海滩涂，原为不毛之地，官府划界盐场，通过招募流亡、抽丁服役、组织移民、发配罪囚等充当盐民，烟火三百里，灶煎满天星，盐场之兴，是早期的沿海开发，一个个盐灶村落、盐场小镇就这样环列海疆。因盐兴城、因盐繁华，扬淮盐泰成为东南之盛。

一粒雪花盐，当它含蕴于海，运转无穷，当它结晶成盐，行走四方。它的折光里，映射出盐民、盐商、盐官、盐役等万千世相。几千年食盐专营制，生产、储存、运输和销售各环节的渠道越来越宽阔，管理体系越来越细密，盐商群体也应运而生呼风唤雨，影响了当时的政治、经济与文化。

千山万水盐道难

传说，在尧的时候就有了官道，叫康衢。舜禹出巡，是亦有道。周建周道，秦有驰道。这些都是统治者为了加强统治而建的。人民往来，贸易交流，更多是靠自己

川滇古盐道

的双脚开辟道路。著名的丝绸之路与茶马古道，就是这样的跨区域、跨国民间贸易道路，而比这二者更古老的，是盐道。

围绕着河东盐池和巴东盐泉，有多条古老的盐道。自古贵州、陕西、湖广（湘鄂旧称湖广省，亦称湖广）不产盐或缺盐，为了运盐，就有了秦巴古盐道、川黔乌江盐油古道、太行古盐道、川鄂古盐道等，当地人都说这些古道有五六千年的历史。伯乐相千里马的故事，就发生在太行古盐道最险峻的虞坂。《战国策》中记载了"骥遇伯乐"的故事，说世人不识千里马，让它拉着装

虞坂

秦巴古盐道人工槽道

满盐的车爬太行山。它的膝盖折断了，皮肤溃烂，口沫溅地，汗水满身，被鞭打着登到山腰，再也上不去了。正巧伯乐路过，一见就从马车上跳下来，抱住千里马痛哭，又脱下自己衣服给它披上。千里马低下头，深深地叹了一口气，又昂起头，高声嘶鸣，金石相撞霹雳雷震般的啸啸马鸣直上云天，它知道自己遇上了知己。此后，峻坂盐车、汗血盐车、骥服盐车就成了典故，比喻贤才困厄不遇。古代诗文里，盐车之典常伴着贤才屈沉的郁悒悲叹，如李白《天马歌》"盐车上峻坂，倒行逆施畏日晚"，陆龟蒙《记事》"骏骨正牵盐，玄文终覆酱"。这个故事也是史书对盐道的最早记载。太行古盐道是河东盐输出的重要通道。古盐道是挑夫们用肩和草鞋、用血汗和生命开辟的，山间小道、石垒道、栈道、槽道、栈桥、渡口等蜿蜒成路，一包盐二百斤，重得压死人，下雪天冻死人，三伏天晒死人，悬崖边一脚踩空掉下山谷摔死人，山匪抢财要杀人。单是自贡，"盐担子"（挑盐的）常年不下两万人，冒着风霜雨雪，穿行在川、黔、滇的悬崖峭壁。盐是咸的，浸透了盐民与运夫的汗与血。

运盐船队

海盐的运输主要是水路。水运有海、河两途，河运为重。为了运输通畅，历代帝王都下令开凿或是疏浚运河，吴王有邗沟，隋炀帝有大运河。江淮间有数条盐河，都是历朝为运盐而挖浚，比如串场河，连接两淮众盐场于一河，盐运便捷。日本遣唐使圆仁《入唐求法巡礼行记》记载唐时"盐官船运盐，或三四船，或四五船，双结续编，不绝数十里"，圆仁渡海入唐即从今盐城市阜宁县北沙上岸。杜甫有诗句"蜀麻吴盐自古通，万斛之舟行若风"（《夔州歌》），唐笔记小说《河东记》说扬州坝堰"舳舻万艘，溢于河次，堰开争路，上下众船相轧"，都可佐证唐时水路盐运和粮运一样兴盛。明清时，淮盐外运之河道更是四通八达。清代淮南盐远销湖广，转运大半个中国，其水程先汇之东台，再经盐河运至泰州、扬州，最后运抵仪征十二圩总栈，再沿长江运往扬子四岸（湘、鄂、皖、赣）。水路有水路之险，明代诗人边贡《运夫谣》写船户之悲："运船户，来何暮，江上悍风多，春涛不可渡。运船户，来何暮，里河有闸外有滩，断篙折缆愁转般，夜防虫鼠日防漏，粮册分明算升斗。官家但恨仓廪贫，不知淮南人食人。官家但知征戍苦，力尽谁怜运船户。"清代文学家汪中的《哀盐船文》，记载了乾隆三十五年（1770年）仪征一次盐船火灾，"坏船百有三十，焚及溺死者千有四百"。清代盐船最大的火灾发生在道光二十九年（1849年）的武昌，大火从凌晨三时烧到上午九时，盐船烧毁四百多条，其他商船六百余条，死者数千，盐商损本五百多万两银子，消息传到扬州，盐商们"魂魄俱丧，同声一哭"（光绪《两淮盐法志》）。

陆路难，水路难，盐道之难更难在重重关卡重重官。为防私盐，历朝历代对海盐运输的放销、发运至岸实行

盐运车旗标

全过程检验稽核，尤为注重运程中的检查，不断增密证照、关卡、程序、度量，务使其繁密而条贯。一般商运从盐场买盐到开江发运的流程，是放销、计量、包装、验放、开运。而据《淮鹾备要》介绍，清代则有纳纸砵、滚总、开征、请单、捆重、过坝、塔报结报、放引、过桥、呈纲造马、所掣、解捆、纳加斤、临江大掣等14道手续，商人所须办理的手续有"八开"之目：开征、开请、开重、开坝、开桥、开所、开捆、开江。其间，光称量至少得有四次，即捆重（盐场称重发盐）、过坝（泰坝设监掣所专司称重核验）、开捆（江运前盐包由大换小再次称量）、开江（盐包装入江船最后抽检重量）。中国海盐博物馆展陈文物中有衡器（称重器）多件，有石权、铜权、场斗、铁权、磁权等，其中大丰小海场石权，鼓状，白石，已呈玉色，为掣验盐斤的专用衡器，器物顶部有"麻绳曹平四两""校准磅砠一百四十七磅、司马砠一百零五斤"等字样，为国家一级文物。这样繁密的检查，加重的是贿赂浮费，不谈官，就谈吏，

小海场石权

运司衙门仅书吏就多达十九房，商人请引办运，光文书就得核验十一次，次次都得打点。

管理越简单越高效，越繁琐越低效。管理制度僵化的表现，某种程度上讲，就是看它是不是越来越繁琐、寻租空间扩大。当它越来越繁杂，问题却越来越多、越来越严重，那就说明这种制度从一开始就有致命缺陷，积重难返。千检万防，私盐泛滥，这种盐政制度该被推翻了。

潮打盐仓千岭雪

世人皆知杭州有西溪湿地，少有人知道江苏盐城也

有个小镇叫西溪。杭州西溪宋代才设镇，盐城西溪汉代即已设镇。这个西溪在古代名头更大，范仲淹给它站台吆喝，题诗"莫道西溪小，西溪出大才；参知两丞相，曾向此间来"，他说当朝宰相吕夷简、晏殊都曾在西溪为官。加上他自己，西溪走出去北宋三相。吕夷简、晏殊、范仲淹先后在西溪做的什么官？盐仓监。

西溪既有盐场，又有盐仓。宋代盐仓隶属于盐监，大中祥符二年（1009年）以后，有些盐监先后废置，海盐收聚专卖由盐仓监署理，如西溪仓、如皋仓。以本来是辅助环节的仓储为盐业盐政中心，这在整个古代

西溪胜境牌楼

盐政中虽是孤例，倒是凸显了仓储在古代盐业中的重要性。盐业专卖从春秋时期齐国始，略无遗漏的收盐制度

西溪海口古栈道遗址

也就同步开始了，齐国始行"征而积之"，汉代"凡盐之入，置仓以受之"，粒粒归仓当然是官府从源头上防范私盐的最好举措。盐民煎盐尽归官仓，盐的存储也就成了盐政大事。盐这种特殊产品，遇湿则融，又易污染，因而历朝历代对盐仓都有严格的管理规定和要求。其存储类型，主要有收纳和中转两类，收纳类又有官盐仓、便仓、商垣等。

官盐仓就是官府出资建立的存储盐的仓库，在各个时代各地的称谓也各不相同，还有称为廒、坨、廪等等。盐仓在历史上还立过奇功。太平军起义不久攻占永安城，

被清兵围困六个多月，城中各种物资消耗殆尽，为了获取盐，太平军在城内官盐仓掘地三尺，把墙土地泥收聚起来用水煮，然后再滤去土，以此获取一点盐分，就这样熬到突围。这是特例，却正说明盐仓有储备食盐的功能。为平抑盐价，唐时仿汉代谷米常平仓制，在非产盐区建盐仓储盐，商绝盐贵时，官府用平价出售，来稳定盐价，称为"常平盐"。仓库的用途就这样拓宽了，不但可以收聚、可以保质，而且可以储备，可以调节流通。

官仓是收取正额盐课之盐的仓库。而便仓则是为收买

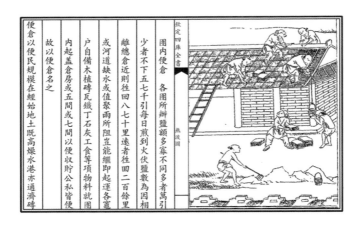

《熬波图·团内便仓》

灶户余盐设立
的仓库，灶户
交纳完官府规
定的正课盐，
余下来的盐叫
余盐。便仓职
能一是收贮米

便仓枯枝牡丹

谷，二是收放灶户余盐，三是偿付灶户余盐工本米。便仓
形制与官盐仓相同。《镜花缘》中演绎武则天故事，说武
则天赏雪饮酒，醉令百花盛开，唯牡丹不从，武则天大怒，
令人掘其根烧其枝，牡丹竟得不死，流落洛阳与盐城，今
盐城有一镇出枯枝牡丹，这个镇的名字就叫便仓。

商垣是清代储存盐的商栈。清代的盐商分场商和运
商，场商在指定的盐场收购所产的盐，运商则从场商手
中凭盐引买盐，再销往指定地区。场商就必须在盐场所
在地建立堆放食盐的货栈。

滩头盐廪，与滩晒法同步出现。晚清民初，泥池晒
盐普及。由于滩晒的场地规模大，产量大，在泥池滩设

盐田盐廪

计时就增加了滩头廪基的安排，以满足海盐储存和驳运的需要。如八卦滩在每份滩的中心，即结晶池的中央设立廪基，原盐扒出后既可就近堆廪，又可通过滩中的胖头河将盐驳运出滩。后来兴起的对口滩，为就近扒盐堆廪、装船驳运，在结晶池旁、运盐河边设计廪基。

　　除了收纳类的盐仓，在运盐过程中为方便储存还设立转般（般即搬）仓，这就是中转类的盐仓，一般建在交通枢纽和或者销售中心。江淮一带有著名的真州转般仓，真州即今天的仪征市。历史上真州是江淮河运的要

道，隋唐时期就是盐运、漕运的中转之地，宋孝宗时该
地盐仓库房多达三百余间，真州因此成为繁华富庶之地，
俗语有"船到仪征小，人到扬州老"之句。宋代诗人刘
宰有诗慨叹真州"沙头缥缈千家市，舻尾连翩万斛舟"
（《送邵监酒》），真州"转运半天下"的兴盛，离不
开转般仓的贡献。

鱼盐之中起巨子

　　"故天将降大任于是人也，必先苦其心志，劳其筋
骨，饿其体肤，空乏其身，行拂乱其所为，所以动心忍性，
增益其所不
能。"许多
中国人，都
会记得《孟
子》的这几
句话，也就
会记得孟子

运城虞舜抚琴歌《南风》塑像

在这几句前文列举的六位困境中崛起的名人，"舜发于畎亩之中，傅说举于版筑之间，胶鬲举于鱼盐之中，管夷吾举于士，孙叔敖举于海，百里奚举于市"。这六位还都跟盐有关系。

虞舜，《礼记·乐记》记载"昔者舜作五弦之琴，以歌《南风》"。《南风》是第一首歌颂盐业生产的诗，"南风之薰兮，可以解吾民之愠兮。南风之时兮，可以阜吾民之财兮"，相传即为虞舜所作。盐给了舜雄厚的财富，稳定了他的统治。

傅说，奴隶，洪水冲断运盐古道，被征筑路。修路

傅说像

时，傅说发明了"版筑"（夹版中填入泥土，用杵夯实的建筑土墙的方法），轰动朝野，天下知名。太子武丁布衣出游，也来找他叙谈，武丁即位后，即从奴隶中找出傅说，任其为宰相。传说傅说还用盐和梅调和鼎鼐

做羹，鲜美和正，盐梅与调鼎也成了典故，常比喻国家的栋梁之材，唐太宗的诗《执契静三边》中有"元首伫盐梅，股肱惟辅弼"之句，唐玄宗的诗《端午》中有"盐梅已佐鼎，曲蘖且传觞"之句，都以盐梅比贤臣，表达自己纳贤招才之意。傅说起于修筑盐道。

管夷吾，即管仲，在齐国为宰相时，始行官山海，是我国盐业专卖的第一人，后世尊为盐宗。

百里奚，虞国大夫，国亡后为晋人奴，秦穆公征召商人去卫国载盐，商人用五张黑羊皮买下他，让他赶盐车。盐车满载回秦，秦穆公来看盐，见拉车的牛都很疲弱，唯百里奚所驭之牛很肥壮，一番交谈，发现百里奚的才华，授以国政。百里奚起于盐车之驭。

孙叔敖，《史记·循吏列传》中排在第一，三起三落无喜愠，辅佐楚庄王成霸业，是古今官员的榜样。但司马迁对孙叔敖担任楚国令尹之前的经历几无记载。孟子说他"举于海"，在海边以什么为生？东海只有鱼盐之利，一般认为孙叔敖在海滨也是贩盐。《史记》明代监本（国子监校印出书，官刻）在《货殖列传》"蘖麹盐豉千瓵"句下，注引"孙叔敖云：瓵，瓦器，受斗六升合为瓵"，可见孙叔敖治国细谨、事无巨细，对装盐的器具计量都统一标准，这跟他贩盐出身也有关系。《韩非子》说孙叔敖贵为令尹却"粝饭菜羹，枯鱼之膳"，自奉如此俭约，可不是装的，优孟摇头而歌的故事，起因就是他死后儿子穷到砍柴为生，其廉洁无可置疑，而其习食枯鱼（咸鱼干）也应是海边贩卖鱼盐生活所养成。

胶鬲，古今第一盐商。《封神演义》叙写商周鼎革，编入胶鬲故事。纣王妃苏妲己筑巨池聚毒蛇为蛮

盐城水街盐宗祠胶鬲塑像

盆，欲投宫女喂食为戏。上大夫胶鬲不忍，面谏廷争。纣王大怒，令将胶鬲投进蛮盆，胶鬲大骂纣王暴虐昏庸，跳摘星楼而死。这与史书记载出入

甚大，《国语》直说商朝灭亡是因为妲己和胶鬲，一是红颜祸国，一是重臣叛国。《国语·晋语》记载："殷辛伐有苏，有苏氏以妲己女焉，妲己有宠，于是乎与胶鬲比而亡殷。"意思是殷辛也就是商纣王征讨有苏氏，有苏氏战败，进贡美女妲己，纣王对苏妲己荣宠万千，商朝就因为妲己和胶鬲灭亡了。《吕氏春秋》中两次提及胶鬲与周武王订盟判商，其《诚廉》篇说"王使叔旦就胶鬲于次四内，而与之盟曰：'加富三等，就官一列。'为三书，同辞，血之以牲，埋一于四内，皆以一归"，周武王派自己的弟弟姬旦找到胶鬲，与之血盟，承诺灭商后给胶鬲加官进爵。《贵因》篇记载武王发兵，纣王派胶鬲来打探，武王让胶鬲返报纣王，定甲子日到商都朝歌城下决战，道中大雨，士卒苦雨不前，武王强令行军。武王说，如果我们甲子日不到，纣王就会因为胶鬲无信而杀了他。周军急行，甲子日赶到朝歌之郊，商军已列阵以待，但商军大叛，这就是胶鬲、微子等叛臣的功劳了。胶鬲这个改变历史的人物，其初即贩卖鱼盐，是周文王发现其为人才，推荐给纣王。山西夏邑最早建盐宗庙，后江苏扬州、泰州、盐城都建盐宗庙，现唯扬州仍存。盐宗庙里供奉三位盐宗，一位是海盐生产的创始人夙沙氏，一位是食盐专营的创始人管仲，还有一位就是作为盐商之祖被供奉的胶鬲。

孟子所举生于忧患的六位巨子，都跟盐业有关，这也说明夏商时代盐业的发达超出想象，不但影响经济与民生，而且与政治交织，成为国中大事，吸聚并输送人才。盐商之记载，不绝于史。《史记·货殖列传》记载

扬州盐宗庙神像，从左至右为管仲、夙沙、胶鬲

了战国时的七位大商人白圭、猗顿、郭纵、乌倮氏、寡妇清之先世、卓氏、孔氏，除了白圭与乌倮氏，其他人都因经营盐铁而巨富。

《盐铁论》说："宇栋之内，燕雀不知天地之高；坎井之蛙，不知江海之大；穷夫否妇，不知国家之虑；负荷之商，不知猗顿之富。"一个商人，可与天地江海相提并论，这商人生意要做到多大，要有多富？《孔丛子》说猗顿本姓王，是鲁国的贫寒儒生，白手起家，因在猗地致富而被后人称为猗顿。最早猗顿"耕则常饥，桑则常寒"，种地养蚕都不行，他没有气馁，又去跟大富翁陶朱公即范蠡讨教生意经，范蠡指点他蓄养牛羊，先养母畜生仔积累资本。猗顿畜牧起

猗顿学商于范蠡

家后，又开发经销河东盐，顿成巨富，《史记·货殖列传》说"猗顿用鹽盐起"，"与王者埒富"。

春秋战国为中国社会之大变局，在孔孟开辟士仕之途外，胶鬲猗顿这些人货殖而富，也开辟了一条商贾之途。士农工商四民中，士与商地位日渐超拔，不与农工等列。士是官的后备队，商则因富而倾国。正是自胶鬲猗顿起，众商之商，一个越来越壮大的商贾团体——盐商走出历史的地平线。

扬州盐商竞豪奢

元代诗人杨维桢有两首写盐商的诗，一首是《卖盐妇》，"卖盐妇，百结青裙走风雨。雨花洒盐盐作卤，背负空筐泪如缕"，描写一位妇女丈夫儿子都被征战亡，改嫁盐商依然艰辛度日。诗中的盐商竟然让自己老婆挎篮叫卖，穿的也是破衣烂衫，这盐商穷得出乎我们的想象。还有一首诗就是大家熟悉的《盐商行》："人生不愿万户侯，但愿盐利淮西头。人生不愿万金宅，但愿盐商千

盐店招牌

料舶。大农课盐析秋毫，凡民不敢争锥刀。盐商本是贱家子，独与王家垺富豪。"这首诗夸说贩盐的暴利胜过做官封侯，在当时做个大盐商成为众多男儿的人生理想。

古代中国一直采取重农抑商政策，但由于商者输通有无不可或缺，又生财致富，掌握着物资与财富，所以历代统治者执行抑商政策总是有弹性的。即以开始重农抑商法律化的汉代论，《史记》曰"高祖令贾人不得衣丝乘车"，又规定商人及其子孙"市井之子孙不得仕宦为吏"，这是对商人又抑又辱。但汉武帝时，超擢东郭咸阳等大盐商和商贾之子桑弘羊来推行盐铁官营，其所用盐官大都盐商出身。抑商政策在反反复复中越来越松

动，晚唐时规定工商业者改业三年之后就可入仕，宋代
规定"如工商杂类人内有奇才异行、卓然不群者，亦许
解送"，商与仕的通道被打开，因而"凡今农、工、商
贾之家，未有不舍其旧而为士者也"。所以，宋元以后，
商人的地位逐渐提升。在《金瓶梅》以及明代话本小说
中，大都是西门庆这样的商人唱主角，正是社会阶层结
构中商人地位上升的体现。

就盐商而言，自唐实行榷盐法后，盐商在支撑食盐
专卖体制上越来越重要，成为官府进行盐政管理的协助
力量。财富与权力倾向盐业，盐商地位越来越高，宋代
实行折中法，明代仿宋推行开中法，募招商人输运粮草
到边关，这是将官府的职能分与商人，自然也给商人更
多权力、利益空间。北宋蔡京执政时，给予盐商"黄旗
公据"的特权，朝廷将官方特用的黄旗发给盐商，运盐
船将黄旗插在船头就可以优先行驶，官船与其他商船一
律让道。明清两代，还设商籍给予盐商子弟科举特权。
也正是在明清两朝，人口快速增长，工商城镇进一步繁
荣，盐商生存的政治、经济、社会与文化条件都已趋好，

焉得不兴？处两淮海盐盐场之腹心的扬州，又是扼守运河河运与江运的咽喉，官府把盐业垄断管理机构两淮盐运史和两淮盐运御史都设在此，盐商因而汇聚扬州，形成富商群体。尤其是明代实行纲盐制后，商专买制形成了有别于普通商人的专卖商阶层，造成了盐专卖商对盐业的垄断，大本大利。扬州盐商基本垄断了两淮盐运销的所有环节，官商结合，其声势之煊赫与财富之雄厚一时无二。

扬州盐商"富以千万计""百万以下者皆谓之小商"，有学者统计扬州盐商每年总收入在五百万两，而其时大清一年总收入在四千万两上下。扬州盐商富可敌国，生活豪奢，炫富之举骇人听闻，有从苏州买来不倒翁全部放入河中供人观看，致河流堵塞；有花万金买来金箔体验一掷万金，在塔顶迎风抛洒，金箔灿烂，炫人睛目；有用人参、黄芪、白术、红枣喂养母鸡，每只鸡蛋须银一两，每天必食两只。虽也有喝稀粥就腌野菜者，但都成了奚落对象，比如恶搞周扶九，说他一顿饭只买一个铜板的盐豆做菜，还买来十几家店铺的盐豆一粒一粒数，然后选豆粒最多的人家买。整体看扬州盐商，其习"竞尚奢丽"（《扬州画舫录》），使彼时的扬州成为世界之都，成为古代中国都市文明消费文化的极致。盐商们热衷修园子、比厨子、养戏子，客观上也促进了城市建设与饮食、戏剧等文化艺术的发展，扬州园林、徽州建筑、淮扬菜、扬州八怪、徽剧等都因之而兴。雍正说盐商"骄奢淫逸，积习成风，各处盐商皆然，而淮扬尤盛"。乾隆带着皇子们巡游返京，有皇子睡过了，误了早读，乾隆数落他：你想睡懒觉，你怎么投胎到我家啊？你该去做扬州盐商家的公子啊。但也正是这些皇帝助长了扬州

扬州瘦西湖白塔

盐商的奢华之风，康熙、乾隆各六次南巡，扬州盐商竭尽靡费，"凡有可悦上意者，无不力致之"（汤殿三《国朝遗事纪闻》）。乾隆在瘦西湖游览，就说了一句可惜没有北海的白塔，江春等盐商听后连夜修造，第二天，乾隆就看到高大的白塔矗立在五亭桥不远处。《国朝遗事纪闻》记载乾隆驻跸扬州城北天宁寺，遥见夕阳中有城楼一角，走近却不见，怅然为憾，大盐商们又是一夕建楼，乾隆慨叹，"富哉商乎，朕不及也"。

江春是扬州大盐商的代表，就是 2018 年央视热播剧《大清盐商》男主角汪朝宗的原型。他是乾隆朝扬州八大总商之首，"一夜造白塔，六接乾隆帝"，乾隆六下江南，均由江春承办一切供应，其中两次就入住江春的别墅"康山草堂"。江春"以布衣结交天子"，后人称其为"天下最牛徽商"。他担任两淮盐业总商四十年，两淮盐业达到鼎盛，深得乾隆器重。乾隆五十年 (1785 年)，乾隆邀请他参加在乾清宫举行的"千叟宴"，可谓备及恩荣。乾隆五十五年 (1790 年)，江春家养的戏班子"春台班"，与"三庆班""四喜班""和春班"一道奉旨入京，为乾隆皇帝八十大寿祝寿演出，这就是著名的催生京剧的"四大徽班进京"一事。晚年，江春家财耗空，乾隆借他本钱做生意，两次赏借皇帑五十五万两。江春死后，子嗣生计艰窘，乾隆念旧，令众盐商出银接济他的儿子，自己也赏赐其子白银五万两作资本。一介布衣商贾，得帝王如此荣宠，史为仅见。

盐商拉拢盐官，盐官依赖盐商，官商勾结是常态，但他们之间也有矛盾。两淮总商甚至凌驾于盐政大员，史载康熙年间巡盐御史张应诏每当总商们进见就说：

油画《徽剧进京》

"太爷们，你饶了我吧。"道光十七年（1837年），上任才一年的两淮盐运使刘万程自杀，道光帝下旨查明死因，但也不了了之。《清朝野史大观》中倒是讲得有头有尾，说刘万程强迫盐商们在正供之外另筹报效款若干，盐商不答应。淮南盐商首总黄至筠"首倡不纳课之议，七总商附和之，议遂定"。盐商抵制鼓噪，"运台始虽主张抑商，至此无如商人何，又恐干吏部议，进退失据，识短情急，遂悬梁自尽死"。其时，扬州盐商已经败落，但依然有如此之势，挟持盐课，胁迫盐政。

清人说，"天下第一等贸易为盐商，故谚云'一品官，二品商'。商者，谓盐商也"（欧阳昱《见闻琐录》）。扬州盐商，交结权贵，攀附王权，富豪冠甲天下，挥金如土，穷奢极欲，鲜花着锦烈火烹油几百年，醺醉人间繁华不知悲风起。

繁华散尽儒道存

爱此东篱种，移栽列小堂。清能标晚节，开为近重阳。人亦与之淡，秋还著意长。不须勤护惜，原自远风霜。

这是江春的诗，诗名《重阳前四日分赋盆菊》，江春就是上文提到的清代大盐商，"人亦与之淡，秋还著意长"，意境清远而自然，几可与陶渊明"采菊东篱下，悠然见南山"并论。江春身为两淮八大总商之首，却总爱与文人雅士结交，总想让人忘却他的商人身份。《重阳前四日分赋盆菊》这首诗就表现了他的儒士情怀。

江春是徽商，扬州盐商中有徽商，有西商，西商即山西陕西的商人。淮商多非淮扬人，本籍人只占"二十

歙县徽商故里碑

分之一"（万历《扬州府志》）。扬州盐商中徽商渐渐成为主体，近代诗人、政治家陈去病说过："扬州之盛，实徽商开之，扬盖徽商殖民地也。"这话不准确，明朝时扬州竹枝词就唱"乡音秦语并歙语"，那时山西、陕西、安徽商人都很多，西商与徽商关系并不和睦，在商籍等问题上屡出纠纷，争斗百年，明清鼎革，时移世易，最终"徽进、陕退、晋转"。徽商给扬州盐商带来了根基，这就是儒商之风。徽州是"程朱阙里"，素有"东南邹鲁"之称。程指宋代大儒程颢、程颐，朱指的是朱熹，阙里代指孔子家乡曲阜。二程与朱熹祖籍都是徽州人。徽州文教昌盛，民风好学尚文。但徽州多山，人多地少，因而徽州人多经商，徽州人自己有谚说"前世不修，生在徽州，十三四岁，往外一丢"。徽州人肯吃苦，重诚信，有"徽骆驼"精神，又重宗亲相互提携，明清时成为全国性的商帮，致有"无徽不成镇"之说。徽商虽身在商贾，但骨子里尊崇文化。戴震就说徽商"虽为商贾，咸近士风"。

扬州盐商之豪奢，世人皆知，时人贬之谓"盐凯子"，

小玲珑山馆

扬州个园

《儒林外史》中的称呼是盐呆子，嘲讽他们是有钱不知道怎么花好的冤大头式暴发户，这就遮蔽了他们的文化创造和儒生情怀。以江春为代表的扬州盐商贾而好儒，不失儒士之义，常守儒生情怀。这首先表现在他们有家国大义。扬州盐商是有钱，生活也很奢靡，但他们也是为国捐金最多的一批人。不谈他们作为包商上交的盐课，就谈他们的"报效"金，那就是一笔巨资。凡有军需、赈务、庆典等，扬州盐商都急公报效，多则百万，少也数万。清朝盐商各类报效总数在八千一百余万两。他们还兴办公益，建盐义仓、务本堂、水龙会、收养所、医药局、育婴堂等社会防灾与救助机构。

扬州徽商热衷文化，他们招延文化名流，对待文坛名宿朱彝尊、袁枚、全祖望、钱大昕、戴震、杭世俊、厉鹗等像对待权贵一样。他们刊刻收藏书籍，马曰琯、马曰璐兄弟，人称扬州二马，在扬州建造了一处园林，名为街南书屋，园内有十二景，其一为小玲珑山馆。小玲珑山馆内建有丛书楼，藏书百橱，多达十余万卷，藏书"甲大江南北"，乾隆三十七年（1772年）开四库馆，采访遗书，马氏后人进呈藏书七百七十六种，位居江、浙四大藏书家之首。他们大兴诗文之会，组织各方文人聚会，与文人相唱和，扬州城内几乎天天有琴箫吟哦的文人雅集。他们兴办书院、义学，先后办了安定、敬亭、甘泉等书院，在扬州创立十二门义学。他们还热衷学术研究，江春与扬州二马等在学术著述上都有创造，扬州学派的形成与兴盛也正是有了他们的支持。他们对园林、书法、绘画、戏曲的贡献更是无人不晓。扬州徽商对文化可以说到了崇拜的地步，他们藏书养士，供奉贫穷文人，厉鄂、全祖望等都曾寄住在江春等盐商家。清朝中叶文化学术的繁荣离不开这些盐商，而这些盐商也把文化融进自己的家族传统中，在自己子孙身上完成由贾到儒的转变，走上仕宦之途。

当然，也正因为盐商们从未把经商视为正途，而是以士仕为正道，从不认同商贾，做了这个职业却没有职业认同，也就没有彻底的商业精神和商业人格，更不可能形成与财富匹配的独立政治力量与作为社会阶层的主体意识，未能发展出近代资本主义和近代产业。盐商们只是寄生盐业以获利，获利多投资田产房产，对制盐技术和盐业体制的改进几无投入，这也是制盐技术发展停滞和盐政屡屡崩溃的重要原因。晚清张謇创办同仁泰盐业公司，以近代企

张謇铜像

业形式组织生产，"集股经营，使用机器，雇丁日夜轮煎，而且注重生产的改良，盐场的整顿，工资的提高，成本的降低，消除官僚气息，增强职务观念，已具有近代资本主义的特征"（徐弘《清代两淮盐场的研究》），由于守旧势力反对、非市场化的盐业体制，再加上气候灾害等，张謇的改革以失败而告终。

专卖制下的盐商就是包税商，清朝后期社会动乱，官盐积压难销，道光七年（1827年），盐商亏欠盐课

一千一百七十五万多两银子，到道光十年（1830年），积欠达六千三百多万。盐商资本日绌，破产弃业者众。陶澍开始盐法改革，废引为票，盐商垄断优势丧失，再加上之前报效朝廷、奢侈开销数额巨大、购买田产、应付官吏卡索等原因资本日蹙，扬州盐商和两淮盐商一起衰落，后太平天国起义军与清兵鏖战于宁扬，兵过劫掠，扬州盐商彻底沉入历史长河。国穷民穷，清王朝走向衰亡。扬州盐商由于依附王权，没有形成独立力量，也没有将资本多投于盐业生产，所以其败也忽。但扬州盐商的儒商品格和遵从文化的自觉，却余风流回响，令人向往。

◇凭海临风兴盐城

全新世以降，古长江的入海口在这里；宋元而下，黄河夺淮，黄河的入海口在这里。从世界屋脊青藏高原奔流而下，长江、黄河奔腾万里，在这里再次相遇，挽手入海。万古洪流，贯穿中国，于江口河口海潮涌托，泥沙淤积，大地出现。

沧海，成了桑田。便有了草荡，有了森林，麋鹿奔走，百鸟翔集。

先民们来了，他们叫淮夷，或渔或猎，是他们最早煮海为盐。

潮涨潮退，一茬茬的移民，因鱼盐之利，至江淮福地。荒滩碱土，不利农耕，但大海有无尽之卤，滩涂有无边之草，煮盐成民之生计。环海而列灶，白盐积雪五百里。越代而熬波，赤焰堆霞三千年。因盐而名，因盐而城，因盐兴城，盐城，祖国最后出生的儿子，最年轻的国土，不停生长的新大陆，奉献给母亲血中的血、骨中的骨——盐。

一座座盐灶，聚成一处处盐场。一处处盐场，汇成一个个集镇和城市。盐城市，全国唯一以"盐"为名的地级市，海盐生产持续三千年，是一座海盐文明塑造的海盐之城。道道捍海堤激越着盐城人搏击大海的壮怀，清清串场河吟唱着盐城人海盐兴城的史诗。今天，一个现代化的工商都市矗立在当年的盐场灶地。新时代，沿海大开发、长三角一体化、淮河生态经济带，一个又一个国家战略叠加到盐城。2019年，盐城黄海湿地列入世界遗产名录，举世瞩目。凭海临风，现代化、国际化的新盐城崛起在太平洋的西岸。

湖海沉浮日出地

无边的水，波涛涌动，一日如丸，跃居其上。

这是一件灰陶罐上的刻纹。陶罐极其粗陋，平底、鼓腹、短颈、直口有一圈凸棱，无盖。还不如旧时农村土灶上的瓦汤罐漂亮。但它可是极其珍贵的文物，来自六千年前，是盐城这片土地上最早的先民的日用器具，出土于阜宁施庄东园，现收藏在海盐博物馆。这件文物最为难得的就是作为原始艺术的刻纹，格纹穗纹的长条环绕，将罐面区隔出正反面两个半圆，半圆正中是一幅刻纹画，画的边缘用弧线、格纹、直线框出画幅，一幅画的就是洪波日出，还有一幅是日沉大海，

日出纹陶罐

水波纹纵横交错，有众流交汇汪洋澎湃之感，最上端还有留白，天空辽阔。这是我国原始刻纹艺术中，极为罕见的有着完整画面意识的刻纹画。

日出之地，湖海浮沉，冥冥之中这个陶罐预示了盐城的海陆沉浮沧桑变迁。在漫长的地球地质史中，这片日出之地几度沉没又几度崛起。地质史研究发现，黄海在距今三十万年间曾四度为陆，濒临黄海的盐城在距今七万年间就发生了三次海陆变迁，盐城多地出土麋鹿、鲸鱼还有整棵楠木的化石，都是海陆变迁的印记。距今八千年前，黄海再度成海，彼时盐城全境皆为浅海，海水逼近苏北丘陵前缘地带。距今七千年前，海岸线大体稳定在范公堤一线，长江北岸沙嘴和淮河南岸沙嘴不断向海延伸形成沙堤，使其内侧逐渐封闭为潟湖，盐城成陆，沙堤围着古潟湖，咸淡水交汇，潟湖与湿地交错，有多条沙冈泥冈贯穿，它们是古代海岸线与岸外沙洲的遗迹，盐城的古文化遗址大多分布在这些沙冈泥冈沿线。其后，长江、黄河、淮河冲积，近岸海流泥沙沉积，湖荡淤塞，人工围湖垦田等交相影响，诸湖消失，变为平

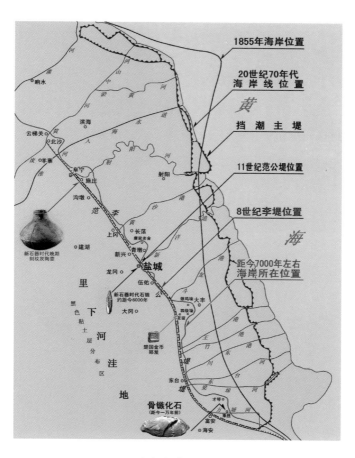

盐城海岸变迁图

旷土地。特别是南宋建炎二年（1128 年）黄河夺淮入海后，巨量泥沙加速了海岸线东移，形成了今天盐城黄淮、滨海、里下河三大平原区毗连的地貌。

厚土有德，祚我生民。距今六千年左右，隆升出海的盐城迎来了华夏先民的原始部落，人类开始在这片土地上繁衍生息，文明之火在湖海间如日而升。这批最早的盐城人生活在沙冈泥冈及其附近的高墩上。盐城境内主要有三条冈地，从陆到海分别是西冈、东冈和外冈，

古黄河口

三条冈地既是海岸线逐步东移的见证，也是盐城先民生活逐步东移的见证。盐城新石器时代、商周时期的文化遗址都在西冈这一线。西冈最早成陆绵延成堤，又名阔沙冈，为古潟湖的海岸，是一条贝壳沙堤，在距今七千至五千年间形成，纵向与长江北岸沙堤、淮河南岸沙堤相连。西冈自北向南从连云港沙口、沙行，淮阴青莲岗直到海安沙冈，

盐城境内北起阜宁羊寨，经喻口、龙冈、大冈到东台，堤形较完整，宽三百到五百米，最高有八米。盐城市下属的阜宁县，得名也正由于这条高冈，阜

东台开庄遗址挖掘现场

阜宁东园遗址出土玉钺

是土山的意思。西冈沿线分布着盐城目前发现的六处新石器时代遗址——阜宁古河梨园、施庄东园、板湖陆庄、陈集老曹，东台开庄、蒋庄，大抵都在这一线。这些遗址出土了大量的石斧、石刀、石凿、石钺、石镞、陶罐、陶壶等，其中东园遗址出土了象征权力的玉钺和整木凿成的独木棺（其棺底弧形，疑似船棺），陆庄遗址还出土了玉琮。这些文物兼有南方良渚文化与北方大汶口文化的特征，初步体现了盐城融汇南北的文化特点。龙冈中学曾经发掘出商代晚期古墓，出土不少陶器，有陶鬲、陶卣、陶簋等，器型与纹样同商代统治中心中原一带出土的青铜器如出一辙。这说明其时盐城先民们与中原文化交流之密切。西冈这条线上境外还有著名的淮安青莲岗、海安青墩文化遗址。

战国至秦汉唐宋时代的众多遗址分布在东冈。东冈形成时间约在距今四千到三千年之间，由阜宁北沙经上冈、盐城、伍佑、白驹、刘庄直到东台县境，冈身完整，宽五十到二百米，海拔高度最低处不足一米，最高处超过三米。冈地以沙为主，唐代常丰堰、宋代范公堤就建在东冈上。其时西冈一带已多良田。东冈这条线上出土过战国的封泥，还出土过楚国的金币郢爰，秦汉以后的遗址更多。还有一条冈地就是外冈，也称新冈，最晚形成，北起南洋岸，经北滩、龙堤到四灶，宽二十到一百米，沙层厚度不足一米，以细沙为主，约在南宋嘉定十四年（1221年）至明宣德十年（1435年）间形成，是范公堤外成陆的骨架。

古称盐城的先民为东夷或淮夷，夷族有太阳崇拜，前述阜宁出土的先商陶罐上的太阳图也许就是族徽的标识。商周时期，盐城周边有不少东夷之国，如徐、莒、钟吾、干（邗）国，东夷淮夷与中原王朝经常发生战争，《诗经》中也提到了，"既克淮夷""淮夷攸服"，这些战争有可能就是为了盐。东园遗址中就发现了大量陶片，疑为煮盐所用。战争也促进了中华民族的融合。西周初年，鲁侯伯禽曾迁部分奄国之民于盐城，这是盐城历史记载的第一批移民，其后三千年间，盐城还迎来九次大移民。春秋初期，吴国崛起，北上争霸，吞并诸夷，境内属吴。吴王夫差开凿邗沟，与射阳湖通，经射阳湖入淮河，长江南北水路畅达，境内与外交流密切，经济、文化、人口都得到发展。后越王夫差灭吴，境内属越。越又灭于楚，本地属楚。秦始皇六合一统，天下归秦，境内淮南属九江郡，淮北属泗水郡。秦朝"废封建、立郡县"，分封制的血缘政治被郡县制的官僚政治取代，也正由此形成了中国文化特有的以县域相区隔的人文一致性。

如日初生，这一片越来越兴旺的年轻土地上，盐业日渐兴盛，其行政独立开县设政的日子已经进入倒计时了。

海盐兴城盐铸史

何为盐城？

盐城，不只是指作为地市级行政区域的盐城市，也指它的全部自然、政经、文教活动及其物质精神产品、居民生活，还包括它的所有历史区域和这些区域的全部历史。其核心是区域自然环境和人文风习历史等形成的一致性和居民的本土认同。作为历史盐城、人文盐城，其范畴也包括因为行政区域调整而划出去的区域，如划给南通市如东县的栟茶镇、划给扬州市宝应县的射阳湖镇、划给泰州市所属兴化市的沙沟镇。盐城的历史区域在地理上的一致性极其明显，那就是古射阳湖及其以东的湖荡与滩涂湿地。这块湿地的东缘黄海湿地，作为中

盐城所属黄海湿地

国黄（渤）海候鸟栖息地（第一期）被列入《世界遗产名录》，更是固化了这种一致性。古射阳湖是长江北岸古潟湖的遗存，《阜宁县志》记载"射阳湖，江淮之巨浸也。南通樊梁湖、博芝湖，以承邗沟之水，北通夹耶湖，由末口达淮"。樊梁湖即今天的高邮湖，博芝（支）湖在今天的宝应东南。射阳湖西南至高邮宝应，西北至楚州淮河，北至阜宁西南。此西、北、南三至正是古盐城的边际。盐城市下属十区县东台市、大丰区、亭湖区、开发区、盐都区、射阳县、建湖县、阜宁县、滨海县、响水县，大都由东台、盐城、阜宁三县析分而出，所以这三县又称老三县，从立县时间上讲，盐城最早。老三县都是因盐置县，煮海为盐是其早期居民主要的生产方式，这是境域经济生活上的一致性。

盐城初名盐渎，以盐为名，汉武帝元狩四年（前119年）立县。盐城的盐业活动，先秦时代不见史著，阜宁东园遗址中发现的成片的陶片堆积，市区迎宾路东周遗址中发现的大量大型陶片，都疑似先秦时期煮盐遗迹。海盐需要依托滩涂生产，海岸线曲折、地形平坦、滩涂与潮间带宽阔、淤泥质土层的盐城有生产海盐最好的地理条件。《史记·货殖列传》说"东楚有海盐之饶"，司马迁的记载至少证明了盐城在楚灭吴（前306年）后盐业已经兴起。汉高祖封兄子刘濞为吴王，都广陵（扬州），"濞则招致天下亡命者盗铸钱，煮海水为盐，以故无赋，国用富饶"（《史记·吴王濞列传》），刘濞又筑黄浦堰，自"白浦至黄浦、五百余里，捍盐通商"（顾炎武《天下郡国利病书》），吴国有组织的海盐生产加快了盐城的盐业发展。后汉武帝为筹措与匈奴战争的巨额经费，重用盐商出身的孔仅、东郭咸阳、桑弘羊等实行盐铁专卖，扩大财政收入，尽收海盐之利。为强化政府管控，作为海盐主产区的盐渎立县，分射阳县东部

《天下郡国利病书》

为盐渎县域（汉高祖封刘缠为射阳候，境内为其封地，刘缠就是鸿门宴中项羽方倒戈的项伯，赐姓刘，刘缠死后废封，立射阳县）。《后汉书·百官志》说"郡县出盐多者置盐官，考盐渎以产盐得名"。古人为地籍命名，往往依山水相称，地名越古老越是如此，这是古人逐河栖居或者缘山生息的生活决定的。盐渎即盐河之意，到底是盐城湖荡勾连便于河运，还是官府为运盐开挖河渠，抑或本地人自己疏浚河道成盐河，还未有定论。

汉魏两晋时代为盐城县域经济文化的发源期，是其盐业繁荣的第一阶段，盐业为其主体经济。盐渎立县之后，经济社会空前发展，官府鼓励盐业生产，募民煮盐，官给牢盆，盐业兴旺，农耕区又传入耦耕犁等先进农具，农业也得到发展。东汉熹平元年（172年），盐渎有了第一位史书有载的县丞孙坚。孙坚是三国时吴王孙权的父亲，盐城中学内有一口古井叫瓜井，相传为孙坚父亲孙钟种瓜所凿。东晋义熙七年（411年）在原盐渎县东部设盐城县，得名原因为"环城皆盐场"（乾隆《盐城县志》）。宋代类书《太平御览》及地理著作《太平寰宇记》论及盐城县，都引用了南朝阮昇之的《南兖州记》的记载，"县人以渔、盐为业，略不耕种；擅利巨海，用致饶沃。公、私商运，充实四远；舳舻往来，恒以千计"，可见南北朝时盐城盐业之盛。今市区头墩、二墩、三羊墩等多处发现汉代豪华墓葬，出土有楠木棺椁、铁剑、漆器等，一些器物有"大官""上林"字样，"大官"为汉代掌管膳食的官署，"上林"是皇家上林苑，由此可推断墓主身份高贵。建湖草堰口汉墓群也出土了玉覆面、玉环、玉璧等精美玉器，墓主等级应更为高贵。地下文物佐证了这一时期盐城较高的社会经济发展水平。

唐宋元时为盐城盐业繁荣的第二阶段，盐

瓜井仙踪

业的组织化程度进一步提高，滩涂面积增加，盐业产量提高。唐时在主要产盐区设四场十监，盐城境内就有海陵、盐城两监，其中盐城有"盐亭百二三十所"（《新唐书·地理志》），两监合起来年产盐一百多万石。"天下之赋，盐利居半"（《新唐书·食货志》），淮东盐税约占全国盐税三分之二，盐城盐税又约占淮南盐税一半。宋时，"淮盐"名号出现。盐城境内有盐场十一个，

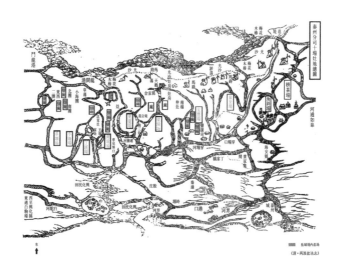

盐城古代盐场图

在西溪专设盐仓，盐产依然保持在一百多万石。盐业的相关产业也得到发展，如盐运业、蒲包业等，时堰古镇就以生产装盐的蒲包袋而出名，年产上百万只。元中叶，境内盐产一度达到近三百万石。因为盐利之丰，唐宋元三朝盐城皆为上县，有巨邑之称。唐李吉甫《元和郡县志》明确记载，盐城县"州长百六十里，在海中"，此时盐城某种程度上讲是"隔绝海外"，文教不兴。宋代境内已有书院与县学，晏殊、范仲淹等为官于此，不但用自己的诗文图咏盐城风物，塑造盐城文化符号与盐城诗意，而且还带来了崇文重教之风。自宋始，盐城人文始有根基并日渐壮大，还出现了负帝蹈海的陆秀夫这样取义成仁的士林表率，陆秀夫是盐城第一个真正意义上的人文坐标。

明清两朝为盐城盐业的鼎盛期。"两淮盐，天下咸"，清光绪《盐法志》说"品天下之盐，以淮盐之熬于盘者为上"，淮盐色味甲于天下成为有口皆碑的公论，两淮盐税在国家财政中的地位越来越高。淮盐产区南起长江口，北至海州，共设三十个盐场，盐城境内即有十三场，

陆公祠

晏溪书院

一直是东南盐业生产中心。盐场、盐仓所在皆成集市，盐业而外，农耕、工商皆趋兴旺。阜宁、东台也相继立县。明朝永乐年间，盐城修筑了砖城，因形似瓢，又称瓢城。这一时期，盐城人口稠密、交通发达、市井繁华，人文蔚然。清末民初，盐城一带因海岸东迁，卤气变薄，盐业重地渐转向淮北。废灶兴垦，盐业的主导地位让给农业，但海盐产业直到20世纪90年代依然是盐城的重要产业。

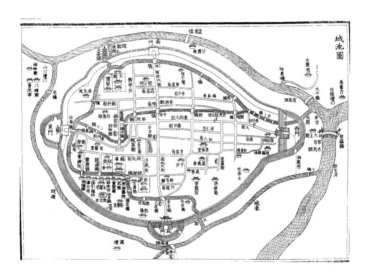

盐城城池图

因盐而兴，但未因盐而衰，因为熬波煮海给了盐城人"唯海为大、唯盐能调"的精神，这是人文精神上体现出的盐城区域最核心的一致性。盐城人海纳百川、胸怀宽阔、圆通不苟、坚毅不拔，勇敢地迎接不同时代的挑战，创造自己的美好生活。

盐民三杰强盐脉

元至正十三年（1353年）正月初，黑夜，草堰场串场河边的北极殿，十八只白公鸡，十八碗红血酒，十八个黑汉子歃血盟誓。

殿门打开，十八个汉子举着十八根扁担，冲进那些凌辱过自己的富户家，呐喊声哭喊声四起，火光冲天。他们是贩私盐的盐丁，这些大户收了他们的盐，常常不给钱，还威胁报官。反正过不下去了，盐场里的盐丁们纷纷举着扁担加入进来。"打丁溪去！"百十个盐丁跟着领头的汉子冲向丁溪场。他们没有兵器，元朝严禁汉人拥有兵器，十户才许有一把菜刀，传说他们在扁担头绑上又长又宽的带鱼（一说刀子鱼），黑暗中银光闪闪，仿佛无数柄大刀挥舞，守兵们吓跑了。他们打下了丁溪，打下了泰州、兴化、高邮。在高邮，盐丁们拥戴领头的九四也就是张士诚做了皇帝，国号大周。这是盐丁们自己建立的唯一的国。

盐民在历史上似乎只有卤沸烟腾中伛偻着背的黑瘦身影，但盐城的盐民不一样，"盐民三杰"张士诚、王艮、吴嘉纪，或称帝，或立说，或著诗，创造了历史新

大丰草堰北极殿

张士诚大周国钱币

的可能和中国学术思想新的特质，带给文学新的面貌，刻下海盐文明最深的盐城印记。元末白驹场（今大丰区白驹镇）盐丁张士诚靠十八根扁担起义，张部是元末起义军三大主力之一，对推翻元人统治有大功。张士诚后在苏州称吴王。虽然最后虽败于朱元璋，身死人手，但他轻徭薄税又极为尊重儒生士绅，深得苏州百姓拥戴，至今苏州老百姓还要上九四香祭奠他。"三百年来陵谷变，居人犹是说张王"（王士禛《秦邮杂诗》），又是三百年过去了，老百姓们还在说着张士诚的故事。

明朝安丰场（今东台市安丰镇）人王艮也是盐丁出身，读了几年私塾，家贫失学，贩盐为生。二十九岁那年忽做一梦，梦中天塌，人们哭号四散，他却慨然而起，变为伟丈夫，一手托天，一手重布日月星辰，万民欢喜歌舞，跪拜于他。醒来后，王艮大汗如雨，却觉心下洞明万物一体，有天命弘道之感。遂头戴五常冠，身穿广袖大带之衣，手执笏板，按孟子说的"诵尧之言，行尧之行"，开课授徒，人以为

王艮像

怪而不改，后问学于王阳明十年，研修经义，探求精微，终成一代名儒，创建泰州学派。有论者说泰州学派是我国第一个思想启蒙学派，王艮说"圣人之道无异于百姓日用"（黄宗羲《明儒学案·泰州学案一》），强调日常生活的终极意义，为尊重个体与人性开了先河。其弟子及再传弟子，有何心隐、罗汝芳、李贽、汤显祖等。王艮让中国的学术思想开始有了肉身，泰州学派将情感、欲望、个体、自由请进道统话语，并抬升了其价值，形成人文主义思潮。

　　清初吴嘉纪，也是安丰场人，出身灶藉，少年时逢明清鼎革，遂无意科举，不仕新朝。其祖父学于王艮，其妻王睿为王艮之后。吴嘉纪一生贫困潦倒不改其志，穷得连他父亲、母亲、妻子的棺材都不能安葬。六十多岁，还借船买来盐卤，与子拉纤运到当地六灶河边，开火煎盐，卖盐还债。他写了一辈子诗，诗中多咏叹盐民凄惨生活，又被称作"盐民诗人"，最著名的是《煎盐绝句》："白头灶户低草房，六月煎盐烈火旁。走出门前炎日里，

吴嘉纪纪念馆内的吴嘉纪塑像

偷闲一刻是乘凉。"平白如话，写实如画，道尽盐民苦辛。
又有诗《海潮叹》，状写大海潮给盐民带来的灭顶之灾：
"飓风激扬潮怒来，高如云山声似雷。沿海人家数千里，
鸡犬草木同时死。南场尸漂北场路，一半先随落潮去。"
其惨不忍读。他还有诗《李家娘》，描写清兵屠城扬州，
繁华地顿变地狱："城中山白死人骨，城外水赤死人血。
杀人一百四十万，新城旧城内有几人活？"时人谓其诗
为"诗史"，同代诗人屈大均评述他的诗："东陶诗太
苦，总作断肠声。"

　　盐民三杰建树各异，他们以自己的勇力、才学、风雅，
为几千年默默无声的盐民发出铿锵强音，并用自己的创
造带给民族更多的转机与风采，他们也强壮了盐城的盐
脉。清末民初"废灶兴垦"，灶籍，这个十数万户百万
众的社会群体突然就消失了，即使在盐城也甚少有人溯
源自己的先人是不是灶籍。在现代产业格局中，盐业也
开始边缘化。但今天的盐城，海盐文明的脉动依然强劲，
海盐生产的印记依然常见，境内灌东盐场（即清末济南
盐场，其时淮南盐产萎缩，无法完成朝廷定额，为接济

淮南之盐亏额而兴建）等还有海盐生产，灌东盐场是江苏省最大的盐场，还有海盐博物馆这样盐味十足的专业博物馆和各县区博物馆等，有公私收藏的盘铁、小海场石权、两淮盐运使碑、西溪盐仓公务铜印等文物。更为明显的是数千年盐业塑造了盐城的第二自然，至今它依然承载着盐城人的生活。

范公堤

204 国道纵贯全境，它的路基就是唐时李承修建的常丰堰（人称李堤）、宋代范仲淹主持修建的捍海堰（人称范公堤）。范公堤西侧就是当年

大丰丁溪庆丰桥

修堰取土挖出的串场河，串场河经历朝疏浚，至今还是
贯通苏北的河运要道，不时驶过船队的长龙。无边平畴
依然多有高墩突起，那是几千年间堆筑的潮墩、烟墩。
潮墩是盐民避潮的救命墩。烟墩即烽火墩，可以御敌报
警，盐城境内历朝官筑的土墩有记载的就超过三千个。
串场河边，富安、安丰、西溪、丁溪、草堰、白驹、刘庄、
伍佑、新兴等老盐镇依然兴盛，张士诚攻打丁溪血战的
庆丰桥兀自卧波如虹，李承曾经登临的海春轩塔依旧高

筶，曾经的中国第一海关云梯关遗址也得到保护性开发，唐宋明清修建的节制潮洪的闸坝还有十八座在使用，盐商气派的宅第鲍氏大楼、沈氏大楼修缮后更为堂皇。

这些是海盐文明的物质遗产，更为重要的是盐城的海盐文明已经成为文化血脉，流淌在它的子民身上和社会生活中。有的以非物质文化的形态存在，比如大量带着盐味的历史传说还在流传，像张士诚、施耐庵的故事等等。盐阜区婚礼有对对子的习俗，一次六灶的姑娘嫁到七灶，女方出了上对"六灶七灶两灶连心"，男方宾客们都被这看似平易的对子难住了，亏得施耐庵路过，

东台海春轩塔

见新嫁娘久不下轿感到奇怪，问明原委，哈哈一笑，出了下对，"大团小团一团和气"。这个故事里灶团都是地名，盐城迄今仍有大量盐味地名，如沈灶、新团、梁垛、沟墩、三仓、潘家垡、五总等等，即以灶论，东台从头灶一直排到二十八灶。盐民饮食婚礼等生活习俗等也传承了下来，比如老一辈都有重盐重腥的口味，喜食麻虾酱、醉螺、腌小蟹等，日常语言中也有大量的盐味惯用语，比如"咸菜炖豆腐——有言（盐）在先""盐缸里出蛆——稀奇""盐吃多了——尽讲闲（咸）话"等等。

海盐文明作为一种精神血脉留存下来的，最核心的就是盐民三杰所代表的盐民精神，这种精神显扬为一种民风。《隋书·地理志》说，"淮

大丰施耐庵故居

南人性并燥劲，风气果决，俗尚淳质"。万历《盐城县志》说盐城"地僻海边，俗尚简朴"。兴化郑板桥与盐城多有亲故往来，其继母就是盐城郝营人，他又曾在盐城多地坐馆，他说盐城"东海之滨，土坚燥，人劲悍，率多慷慨英达豪侠诡激之徒，而恂恂退让之君子绝少"（《朱子功寿序》）。盐民的这种民风就是豪迈果决，淳朴奋勉。这样的盐城人小事能干好，大事能干了，可信可依，还有什么能阻挡盐城人的脚步？

融入蔚蓝新盐城

向着大海，向着蔚蓝，盐城永远是新的。

她的土地是新的，她的人民是新的，她的使命是新的，她的发展是新的，她的未来是新的。其命唯新，日新，日日新，又日新。

盐城，她的土地是新的。她是传说中的息壤，土地每天都在增长。绵延五百八十多公里的"黄金海岸"线，在海洋动力的作用下，每年以数万亩的成陆速度向大海

盐城市新城中心

延伸。这片太平洋西岸、亚洲大陆边缘保存最完好的近七百万亩滩涂湿地，历史上由古长江、古黄河、古淮河冲积成的淤涨型滨海湿地，还在继续生长，每天都在生长出新的国土。唐时，盐城尚为海中之洲。宋《舆地纪胜》说"大海在盐城东一里"，城门一开就能吹到海风，城墙上海鸥翔集。盐城市区老西门的先锋岛原来称作小海滩，当地话中小海是内海的意思，也就是说当时盐城外也是海，内也是海，如瓢一样浮在海上，而今天海已在百里之外。盐城，就是逐日的夸父，每天她的土地都在向海中跃起的太阳延伸。

这是一片神奇的土地，广袤无边，生长无限，众水

麋鹿

朝归，鸟兽自由。她，是河流的方向，长江、黄河、淮河水系交错，无数条河流箭穿神州奔流到此入海。她，是鸟的方向，是数以百万计的迁徙鸟类的栖息地。全球仅有三千多只丹顶鹤，每年有一半来盐城的珍禽保护区越冬。勺嘴鹬、中华凤头燕鸥等踪迹神秘的极度濒危鸟类，在这里不时惊艳一现。她，是新世界的方向，新的土地护佑着世界的生物多样性，曾在中国消失的麋鹿，自 1986 年回归盐城黄海湿地。三十多年过去了，这里已是世界面积最大的麋鹿保护区，拥有世界最大的麋鹿野生种群和世界最大的麋鹿基因库。

盐城，她的人民是新的。地日以广，民日以众。她是移民的乐土，历史上迁徙进十次政府性的大移民。她一边成陆，一边生民，早期居民还赶上了新石器时代。从考古发现看，从新石器时代到夏商周，盐城没有大型聚落，更没有城邑，即使在淮夷族群里也是边缘的零散的小群落。考诸文献，征于文物，淮夷不谈早期国家，连周的诸侯国都未见设置，文献中一直以淮夷称之。如《左传》记载吴楚相争，"夏，楚子、蔡侯、陈侯、郑伯、许男、

丹顶鹤

勺嘴鹬

黑脸琵鹭

反嘴鹬

徐子、滕子、顿子、胡子、沈子、小邾子、宋世子佐、淮夷会于申"，《诗经·鲁颂》中有"既克淮夷""憬彼淮夷"之句，也是直称淮夷。直至楚灭吴设县编户齐民淮夷消失，淮夷一直是部落制。从历史的纵向看，盐城先秦时代的文明遗迹也没有明显的连续性，她的早期居民是游走不定的，没有形成较大的中心族群。盐城不停地增殖着自己的土地，迎纳着一茬茬移民，以主体产业盐业为中心，在汉唐时期形成主体居民，孳生出有自己文化传统的盐城人群体。西周初年，周公监国，平定武庚之乱后，强迫与武庚一起作乱的奄夷南迁，奄民部分定居于盐城境内，这是第一拨移民。汉代有规模不一的三次移民，一次吴王刘濞招募流民于此煮盐，一次东瓯王举国北迁江淮间，一次汉武帝灭闽越国迁其民于江淮。晋代永嘉之乱，北人南迁，中原人口大量来居，盐城境内多设侨县，今建湖县收成村就发现了东晋东海王墓。唐时征战高句丽，徙其民七万人于中国，中有数千户迁入盐城境内。明初"洪武赶散"，数次征迁苏州等吴地人口到江北沿海，其中一次就有万人之众，至今盐城许多姓氏的家谱都溯源到苏州阊门，以阊门为"洪武赶散"的出发地。民初"废灶兴垦"，从（南）通、崇（明）、海（门）、启（东）先后移民累计达三十万多人，到盐城滩涂围海造田垦荒植棉。第九次，"文革"中"上山下乡"，十多万来自上海、苏州、无锡等地插队知青、下放干部、下放户安家盐城，部分知青留盐成家立业。第十次，20世纪90年代，盐城先后接收三峡移民一千七百多户，七千多人。其他小规模的移民更多，如夏商周三朝征伐东夷淮夷及吴灭诸夷，夷族南下，多

北上海大丰知青纪念馆

有流入；清代回民避乱也有移迁于境，新中国成立后上海农场、军垦农场等多所农场垦殖滩涂，接纳上海等地人口也以千计。十次移民中人数最多的是"洪武赶散"与启海人垦荒植棉，清初的江南移民不但接续了盐城的盐业，还垦田湖荡，将范公堤以西开垦成良田万顷。民初，启海人移民灶地，将滩涂草荡围垦成棉田，彻底将盐城转型为以农业为主。筚路蓝缕，盐城的每一寸土地都是先民们的血汗结晶。

盐城，她敞开足够的辽阔容得下南来北往。一次次移民，一茬茬的新盐城人，都融进了本土。从南到北，东台与响水，南蛮北侉；从东到西，东海与西乡，东蛮西尖。南北文化板块在这里悠然交汇，南腔北调在碰撞中相互习染，北地的阜宁滨海开口便是你侬我侬，南方的东台满嘴儿化音；黄淮风融合吴楚韵，盐城人都能哼几句的淮剧，粗犷偏能多情，雄健而又清俊。移民的后代南北相杂，能文能武，明代出了个武状元朱同宗，清代又出了个武状元徐开业，民国抗日将领郝伯村是台湾当局的一级上将，共和国连着出了三个上将周克玉、朱文泉和朱生岭。就是文士也多义气慷慨，陈琳檄文惊得发头风症卧床的曹操"翕然而起曰'此愈我病'"（《三国志》裴松之注），施耐庵《水浒传》江湖英雄恩仇快意，宋曹书如其人骨鲠有节，王艮让百姓皆可成道，吴嘉纪为苍生呼号。盐民灶户，竟能十户九读书，崇文重教之风在兹为盛；耕夫民户，也是尚武成习，血性骨气之正于斯为烈。这片土地就是有了盐的骨头，铮铮如铁，汉末臧洪主盟讨伐董卓，南宋陆秀夫负帝蹈海，元末张士诚举义而反，晚明黄得功残国败土孤危独支，清初厉豫举兵反清，民国新四军重建军部。凭着这样的沉勇，盐城人将湖海之间的荒滩野荡建设成了鱼米之乡。

盐城，她的使命是新的。新的土地，新的人民，在新的时代遇见新的机遇，也担起了新的使命。《越绝书》说"夷，海也"，盐城的先民夷族是我国海洋经济与海洋文化的创造者，在夷夏融合中被中原族群的大陆文化抑制。新时代，沿海大开发、长三角一体化、淮海生态经济带三大国家战略叠加区和"一带一路"交汇点的盐城，激活了传统的海洋经济与文化基因，政府也画出"开

海上风力发电

放沿海、接轨上海，绿色转型、绿色跨越"的新蓝图。重新面向大海，盐城活力澎湃，世界自然遗产申报成功，宝武钢铁集团落地，高铁连结上京沪，盐城真正登上国际化现代化的新平台。

鹿群闪现，野菊花碎金耀眼，风电森林高耸海上，高铁飞驰，苇塘倒映蓝天，丹顶鹤栖止自由，沃野万顷稻浪，城镇工商繁荣，这是今天的盐城。提升以世遗保护为中心的生态修复，提速工业化，提高民生福祉，建设产业新盐城、生态新盐城，盐城在走一条环境改善、经济发展、人民幸福并举的无垠之路。江淮福乐之地，盐城的未来是新的。

凭海临风，融入蔚蓝，新盐城诗画人间。

◇把酒持盐饮日月

　　盐是什么？日常生活中，盐只是廉价的咸味剂。以科学的名义，骇人听闻的污名让古老而广泛的咸味传统，正经受日益严峻的贬斥。一天天的清淡饮食，会不会有一天我们的眼泪、我们的汗再也不咸了，只是空洞的水，我们的血和情感再也没有潮汐。

　　一粒盐，藏着整个海洋。盐就是大海的骨头，支撑着大海的无边无际、运转无穷，盐就是大海的生命。盐是有骨头的，见楞见角的晶体，硬铮铮，沉甸甸的。食盐之人，才有吞陆噬天的海的力量与心志。

　　盐又不只是盐，它是文明的助推器。人类来到世上，

食盐分子晶体

最初的邂逅就是母乳的咸味，人的味觉在咸味启蒙下觉醒，对咸味的记忆固化成追逐咸味的本能。早期人类由咸味主导的味觉，胜于视觉、听觉甚至性，由此带来的争逐等复杂行为，发展了人的智能和知觉，从而产生了人的意识，推动了人的进化。寻盐、制盐、用盐、争盐，为了盐这白色的金子，人类创造了盐的历史与盐的文明，盐也成了人类社会发展的助推器。打开人类咸味的历史，盐催育了道路与城镇，盐诱发了革命和战争，盐丰富了文化与生活。

咸味永恒

大美人李师师艳压两宋，传说她的情人有三个，一位是英雄，浪子燕青，唇若涂朱，睛如点漆，面似堆琼，腰细膀阔，遍身花秀，梁山一百零八将里数得着的美男子；一位是文豪，写出"叶上初阳干宿雨，水面清圆，一一风荷举"的周邦彦；还有一位是帝王，就是那个书画辞赋收藏"诸事皆能，独不能为君耳"（《宋史》）的宋徽宗。周邦彦写过一首词《少年游》，回忆他和李师师的青春和爱情。他和美人当年在一起都干什么呢，"相对坐调筝"，面对面坐着你一根我

宋徽宗芙蓉锦鸡图

157

一根地为筝调音，然后到桌边吃小食说闲话，"并刀如水，吴盐胜雪，纤手破新橙"，大美人用薄亮锋利的并州剪刀，破开才从南方运来的新橙，橙肉鼓胀着微颤着盈盈欲滴。"张嘴啊。"美人轻笑着，将橙肉蘸了盐，送进情人张开的嘴里。

对，你没看错，橙子蘸盐吃，桌上不已摆上比雪还白的吴盐么？这没什么奇怪的，唐宋及其前朝，甜味并不受宠。吃水果，讲究的都是用贵重的盘碟盛上玉屑一样的海盐，蘸着吃。你看李白的诗句"玉盘杨梅为君设，吴盐如花皎白雪"（《梁园吟》），苏轼的诗句"纷纷青子落红盐，正味森森苦且严"（《橄榄》），陆游的诗句"苦笋先调酱，青梅小蘸盐"（《山家暮春》），杨梅橄榄青梅都是要咸吃。茶圣陆羽还说了，茶也是要咸味的，"初沸，则水合量，调之以盐味"（《茶经》），茶圣烹茶，在水沸后，放入少许盐调味。青海人至今喝咸茶，称之为熬茶，熬茶就是把大茶（砖茶）加水煮，再加入大青盐，当地俗语说"茶没盐，水一般；人没钱，鬼一般"。福建、广东、海南岛等地，越南、泰国等东南亚地区，至今吃芒果菠萝还要蘸盐或酱油吃。这也算礼失而求诸野了。

"要想甜，加点盐"，有道理得很。

再读首词吧，北宋末年靖康之变，北人南逃，那个自称"我是清

射阳蟹虾

都山水郎"的大词人朱敦儒，想念故乡洛阳，"先生馋病老难医，赤米餍晨炊。自种畦中白菜，腌成瓮里黄菜"（《朝中措·先生馋病老难医》），越老越馋，他想吃故乡的红米粥，还有就是腌白菜。

说到腌菜，古老的中国真是东南西北一个大腌缸。北方腌菜，白菜、黄瓜、萝卜、茄子、野菜什么都能腌，漫长的冬天冰窟雪堆里你让他们到哪找蔬菜去？南方腌肉，腊肉风鸡咸鱼满灶头。江淮之间不南不北，又腌菜来又腌肉。金华火腿、舟山鱼鲞、南京板鸭、自贡火边子牛肉、涪陵榨菜、扬州酱菜、绍兴霉干菜、高邮咸鸭

金华火腿晒冬

蛋、开洋虾米等等腌货中外驰名。盐城本地的步凤咸猪头、滨海香肠、学富风鹅、射阳蟹蚱，提起来就要流口水的。亏得有了盐，从古到今世界各地得以用腌制来保存食物，既防止食物腐败，又使食物产生新的风味。古代凯尔特人腌制火腿，古罗马人腌菜、腌橄榄、腌鱼，古埃及人除了腌鱼腌肉，他们还发明了腌人，撒盐是木乃伊防腐的方法之一。中世纪天主教规定所有的宗教日禁止吃肉，复活节前大斋期的天数也被延长到四十天（因而被称作四旬节），对违反者的惩戒极为严酷，英国法律规定周五食肉者判绞刑，但是，可以吃鱼，因为教会认为来自水里的动物是凉性的。对鱼的巨大需求，导致海洋捕捞业和国际贸易的发展，促成大航海时代的来临和海权的发展。鱼捕上来，当时的保鲜方法只有用盐腌，如果去那时的欧洲，城乡到处是腌鱼味。

夏商周三代，盐那么金贵，只有王侯贵族享用得上，他们吃点好的，也就是大鼎煮大块肉，熟了分割好，蘸酱吃。还有，整只烤、切丝串着烤，传说是伏羲发明的，伏羲因而被称作庖牺氏。烤肉串撒点盐，打嘴也不丢的，《诗经》里就收了一首烤兔子的诗，"有兔斯首，炮之燔之"。还有肉干，孔老夫子让学生交的学费束脩就是这个。还有羹，传说傅说发明和羹，"若作和羹，尔惟盐梅"，可了不得了，先民本来吃五谷，只会"燔黍"，就是放石板上炕熟，仿似炒米，和羹用肉、米、盐、梅煮成，这是潮汕砂锅粥的鼻祖啊。还有就是腌与酱。腌菜就是所谓菹，酸泡菜，少许盐。天子食七菹，有韭菜、蔓菁、笋、冬葵、芹菜等多种。酱、酱油是中国的发明。

汉画像石烤肉串

先秦时代，酱写作醢，是肉酱。张岱说"成汤制醢"（《夜航船》），罗颀说"周公制酱"（《物原》）。酱的首创者名头太大。《周礼》中说周天子"酱用百有二十瓮"，有鱼酱、兔酱、鸡酱、鹿酱、蛙酱、蜗牛酱、蚁卵酱什么的。其时甚至还有人肉酱，商纣王就将比干、姬考剁了做酱。醢由醢人这一酱官，管束六十名男女奴隶专门制作、保存与成礼。天子祭祀、饮食都要配肉酱，食材不同就得配不同的酱，青铜器豆与瓿就是盛放酱料用的。

饮食上酱料的规范是贵族的修养与礼规，连孔子这个破落户也有"不得其酱不食"之语（《论语·公党》）。马王堆汉墓出土了豆酱，说明不晚于西汉初年已经出现豆酱、麦酱，东汉的文献《四民月令》中也出现了清酱即酱油的记载，汉代盐与酱已经是平民食物了。要是没有酱，中国人的日子怎么过呢？还有，受中华文化影响的日本人韩国人没有酱怎么活？没法过，没法活。古罗马人也离不开酱，他们爱吃的是鱼酱，腌鱼剩下的鱼内脏、鱼鳃、鱼尾加盐加水浸泡出的发酵酱，那味道，请想象。

盐，不单是咸味，它还是烹饪方法，如腌、酱、焗、呛，就连中药都有盐制的。它又是一套菜系，盐民菜盐商菜，代表性的有淮扬菜和川菜里的盐帮菜。扬州盐商富可敌国，生活奢靡，又结交王侯，甚至要宴请皇帝，自然对美食与建筑精益求精，家家都有山水亭台，家家都有拿手好菜。"吴一山炒豆腐，田雁门走炸鸡，江郑堂十样猪头，汪南谷拌鲟鳇，施胖子梨丝炒肉，张四回子全羊，汪银山没骨鱼，江文密蝉敖饼，管大骨董汤、鲝鱼糊涂，孔刀庵螃蟹面，文思和尚豆腐，小山和尚马鞍

清炖狮子头

桥"（李斗《扬州画舫录》），这些风味绝胜的菜肴，形成了"东南第一佳味，天下之至美"的淮扬菜，既有南方菜的鲜、脆、嫩，又有北方菜的咸、色、浓，讲究"酥烂脱骨而不失其形，清淡而不失其味，滑嫩爽脆而不至于生"，刀工、火工、菜式别出心裁，做得出驼峰、燕窝、熊掌、鱼翅等水陆奇珍的豪奢之宴，也能用鸡鱼肉蛋豆腐茶干这些平常食材，做出非凡菜品，食之动人心魄，一盘油煎豆腐炒菠菜就让乾隆皇帝"每饭不忘扬州矣"（汤殿三《国朝遗事纪闻》），经典菜式有清蒸蟹粉狮子头、大煮干丝、软兜长鱼、开洋蒲菜、文思豆腐、三套鸭、扬州炒饭。其历史也久远，始于春秋，兴于隋唐，盛于明清，扬州炒饭能追溯到隋代的碎金饭。李白当年在扬州宴请客人，就有诗句"摇扇对酒楼，持袂把蟹螯"（《送当涂赵少府赴长芦》），诗人吃的莫不是淮扬名菜醉蟹？淮扬菜更负盛名的是面点，扬州早点汤包蒸饺皮薄透亮，馅心鲜美细嫩，肉汁饱胀醇厚。因而，盐，又成了一种生活方式，扬州人早上皮包水晚上水包皮（早上上茶楼吃早点喝茶，下午晚上泡澡堂），菜刀、修脚刀、剃头刀伺候着，身体里里外外每一个细胞都惬意，快活啊！

　　自贡是西南盐都，东汉章帝时开凿出第一口盐井，因盐繁华两千多年。自贡盐帮菜被誉为川菜之首，今天广为流行的水煮牛肉、香酥鸡、火爆腰花等都是其代表菜品。文字相传，自贡盐商甚多奇特怪异的菜肴，什么豆芽豇豆里塞肉馅、吃空心菜只选顶端两

自贡红烧退鳅鱼

片雀舌大的嫩叶、上百只青蛙剖腹取胃炒一小碟田鸡肚，还只是费钱费工费料，吃退鳅鱼就更令人瞠目结舌了。退鳅鱼出水就死，又只产在自贡七十里外的釜溪河与沱江交汇处，盐商命人在渔船上烧好鱼，派多名壮工连奔带跑挑着食盒接力传送，送到餐桌还是热的。还有很多活烤鹅掌之类血腥暴力的黑暗菜品，以猪血泡为例，大肥猪捆牢，撬开猪嘴巴用竹筒硬灌进滚烫的糯米粥，随即杀猪，割取猪的口腔、食道、胃子里烫出的血泡，下锅加佐料烹炒。淮北清江浦是漕运盐运河务中心，盐商们也是穷奢极欲，也有甚多活食猴脑之类血腥菜肴，比如以竹竿猛击猪背，待其高肿，割肿烹食。没有人道，没有人性，就是有钱。

盐民菜就亲和多了，麻辣火锅就是自贡的盐工们发明的，盐工们买不起牛肉，把不值钱的牛杂碎用麻辣烩一锅，又饱肚子又吃得畅快。两淮海盐产区靠海，大锅煮，大盐腌，什么白汤推浪鱼、沙光鱼熬汤、炖锅弹涂鱼、清蒸咸海鳗、白煮梭子蟹、爆炒鲜泥螺等等，原汁原味，浓郁尽兴。

"大苦咸酸，辛甘行些"（屈原《招魂》），屈原那时的饮食，就以咸和酸为主。按《管子》的说法，当时的人每天要吃四十五克盐。唐代一封奏折中说"通计一家五口……三日食盐一斤"，唐代一斤约合今天六百八十克，算下来每人每天食用盐也在四十五克。贯休有诗句"连天唯白草，野饼有红盐"（《送僧之灵夏》），吃口饼子就口盐，这盐吃得真不少。明代计口授盐，《明会典》说"大口支盐十二斤""小口支盐六斤"。明代一斤约六百克，按一对夫妇三个孩子的五口之家计算，每人日均十四克。清代、民国时也在这个量。世界卫生组织建议成年人每天食盐摄入量不宜超过五克，中国人的饮食一直都是超标的。但少盐不是无盐，盐是细胞功能正常运行的必要条件。《管子》中就说"无盐则肿"，一盐调百味。《汉书·食货志》说"夫盐，食肴之将"，将盐推为五味之首。咸是人最基本的味觉，盐中的钠离子、氯离子引出食物中的各种氨基酸，产生鲜味，咸味可以调和一切味。盐城人说：穿尽绫罗还是棉，吃尽美味还是盐。2018年初夏，肯德基推出了蓝色的海盐冰淇淋，"00后""10后"纷纷被这盐系"蓝友"圈粉。

其他各种海盐产品也是令人目不暇接，如海盐饼干、海盐花生、海盐瓜子、海盐酱、海盐果冻、海盐奶盖、海盐料理，还有海盐牙膏、洗发露、浴皂等等。

咸味永恒。

咸味永恒！

风雅盐韵

有了盐，饮食有了咸淡，生活有了滋味，文学艺术也多了色彩。

"哟——嗬——嗬，哟——嗬！"高亢粗犷的盐工号子激越着人们的热血。井盐生产中打盐井、采卤、推卤水、筑井场、装卸盐袋，都需要十几人、几十人甚至上百人一起劳动，烧盐匠、采卤工、辊工、榄工们在繁重艰辛的劳作中，为了步伐一致、排解劳累、振奋精神，喊喊号子，渐渐简单的号子发展成了歌调。有的短促如令，像凿井号子："哨子喊落应齐点，应得齐来才好喊；我喊哨子为哪件，为把盐井早打穿。"有的悠长如丝，

挑盐工

像扛运号子："（领）抛抛起闪哟／（合）闪闪起抛哎。
（领）闪起那些好／（合）越闪越轻巧。（领）闪起又
不重／（合）越闪越轻松。（领）幺妹你请坐／（合）瓜
子由你剥。（领）瓜子你在剥／（合）看你那双脚。（领）
幺妹年纪轻／（合）手拿绣花针。（领）幺妹年又大／（合）
明年要打发。（领）打发婆家去／（合）喂奶带娃娃。（领）
手提四两油哟／（合）梳个分分头。（领）头带栀子花
哟／（合）花儿香喷喷。（领）手拿芙蓉花哟／（合）花

儿红冬冬。（领）面容桃花色哟 /（合）眼儿闪秋波。"
简直可以无穷无尽地流水对唱下去。这是盐工自己的歌，
是他们自己的旋律，满溢着生活情趣。称作盐担子、背
脚子、背盐客的挑夫们挑盐时喊的号子，也演变成能唱
的歌调，称为盐客调："各位盐客挑盐过，听我唱首挑
盐歌。八方盐客来扯伙，路途唱个挑盐歌么。高石坎儿
路难过，一肩挑上头道坡。上到头来歇气坐，凉风吹来
好快活。上不得坡来嘛伙计 / 喂——慢慢上嘛。问你那
个话 / 你说嘛。念不得姣姣来哟依哟 / 慢慢逛嘛哟依哟。"
渴了山泉水，饿了高粱粑，草鞋脚，粗筋腿，上百斤的
担子，披星戴月，翻山越岭，喊起盐客调，他们给自己
欢乐和鼓舞。盐民、盐工们的歌谣，除了盐工号子、盐
民调，各产盐区还有盐民小调。这类灶民小唱也很丰富，
盐城一带有《叹五更》，"一更鼓儿响，烧盐火要旺；
晚饭送到锅门旁，筷子没有撅芦柴；一手端粥碗，一手
顾锅膛；盐蒿籴粥稀薄薄，茅草屑子掉在碗里实在脏"，
从一更一直叹到五更鼓儿催，哀叹生活艰辛做工劳累。
淮北盐场有《七叹曲》，"三叹灶民吃的愁，灶粮拌泥

加水沤；饥肠辘辘饿难受，野菜充饥难下喉"，一叹到七叹，叹不尽盐民少吃缺穿生活无望。

　　盐民们的艺术创造，除了歌谣，还包括多若繁星的盐的传说和故事、悠久奇特的盐俗、浩如烟海的盐和盐业的谚语歇后语等盐民语汇。两淮一带就流传，盐是孙悟空从玉皇大帝的御厨偷出来的，天兵天将紧追不舍，孙悟空把盐砖扔进东海，海水就变咸了，人们只要烧煮海水就能吃上盐了。淮盐产区拜祭的盐神，除了三位盐

盐城盐宗祠盐婆塑像

宗夙沙、管仲、胶鬲，还有"盐盘大神"和盐婆等。三十晚上，盐民聚在盐灶旁，奉上祭品，点上香烛，祭拜发明盘铁锅鏊的"盐盘大神"；正月初六盐婆生日，盐民全家到滩头或者风车头放鞭炮、"烧盐婆纸"，祈求盐婆显灵。两淮盐灶最大型的祭祀，是每年夏秋两季祭太阳，又叫烘缸会，盐民们请艺人说书唱戏，敬神做会，烧香祭拜太阳神。太阳升起，祭司领头，盐民们面朝太阳焚香磕头。祭毕，大汉们抬起一只口朝下的大卤缸，缸底上置纸糊苇扎的太阳神，四周红绸裹束，象征火烤，锣鼓开道，抬到会场（戏台）供奉（谢仁才《话说盐文化》）。"盐堆里的花生——闲人（仁）""鸡蛋换盐——两不见钱""张飞贩私盐——谁敢检查"等歇后语，"小满前后出神盐""雨打坟头田，今年产白盐"等谚语，"暖靠棉味靠盐""省了盐酸了酱"等俗语，"气不过，气不过，家家请客先叫我，上了酒席不见我"（谜底盐）等谜语，在产盐区人民的生活中广泛流传。盐民们丰富多彩的口头文学、口头艺术，让中华文艺与中华语言染上了浓浓的咸味。

扬州瘦西湖

　　有钱买的盐也咸。除了皇帝，谁有盐商有钱？盐商中又是扬州盐商最有钱。扬州盐商贾而好儒，不论是一心向儒还是附庸风雅，做起有文化的事来，那也是轰轰烈烈，真金白银堆出来园林建筑艺术与戏曲艺术。扬州历尽战火和拆迁，现存明清以来古建民居与会所六百多处，住宅面积数千上万平米，"少则几十间，多则数百间，以规整严谨的院落式为单元组群布局，体量宏大，栋宇鳞次，气势恢宏，宛如城郭"（马恒宝《扬州盐商建筑》），而其精华当然是园林。清朝人讲"造屋之工，当以扬州为第一"（钱泳《履园丛话》），《扬州画舫录》也说"杭州以湖山胜，苏州以市肆胜，扬州以园亭胜"，彼时苏杭还真不能跟扬州比园林。扬州园林盛时有二百多处，马氏兄弟的小玲珑山馆、江春的康山草堂、汪廷璋的汪园等都名噪一时。叠石凿池、亭榭参差、花窗漏影、竹动石趣，一园而有山川，一径而有四时。迄今尚有个园、何园、片石山房等，和瘦西湖园林一道，展现着三分明月二分扬州的旖旎。到过徽州的都见识过徽州建筑，那些精美的宅第、祠堂、桥梁、路亭与牌坊，都是徽商们用卖盐赚的钱在家乡建的。除了扬州徽州，盐商们在全国各地留下了大量的建筑瑰宝，如自贡的西秦会馆、丹江口的饶氏庄园等等。

四川自贡西秦会馆戏楼

清朝皇家爱看戏，康熙、乾隆二帝和慈禧太后都是有名的戏迷。盐政衙门和盐商们为了讨皇帝欢心，不计成本，自觉不自觉地繁荣了戏曲，尤以扬州、苏州、自贡三地盐商最为尽力，扬州和苏州因此成了戏曲中心。大盐商们都有自己的家班，靡费惊人，江春的德音、春台两家班每年开销三万两白银，小张班演《牡丹亭》，光十二月花神的行头就花费了一万两白银，亢家演《长生殿》耗费达四十几万两银子。盐商们重金延请各地名角加盟戏班，江春请到名角魏三儿，每演一出就给千金。盐商们还请来精通词曲的名家编改剧本，名士蒋士铨就常驻江春的秋声馆，"朝拈斑管，夕登氍毹"，编写了杂剧《四弦秋》等上演。为了迎接南巡的皇帝，盐商们张罗全国各地有名的戏班到扬州汇演，观摩交流，推动了戏曲的发展。江春的家班"春台班"、江鹤亭的家班"三庆班"和"四喜班""和春班"四大徽班进京，直接催生了京剧的诞生。扬州盐商还大量收购字画，无极限的收购力吸引了五百多名书画家来到扬州，盐商们与书画名家们来往，甚至延请他们专馆创作，这对推动以扬州八怪为首的扬州画派形成并兴盛百年功莫大焉。

　　"南风之薰兮，可以解吾民之愠兮。南风之时兮，可以阜吾民之财兮。"这首《南风歌》相传为舜帝所作，南风起，解盐出，万民赖此得味，又能捞盐生财，舜帝欢欣而歌。此后，盐在文学中就特别活跃，诗词曲赋小说戏剧常见其身影，盐民、盐商、盐官、盐业、盐政在文学中的呈现和盐梅、盐车典故的运用源源不绝。在诗词中，盐车的意象一直伴随着失意者沉郁的慨叹，贾谊《吊屈原赋》哀伤屈原和自己"骥垂两耳，服盐车兮"，李白《天马歌》悲歌来自西域的天马"盐车上峻坂，倒行逆施畏日晚"以自鸣，辛弃疾《贺新郎·同父见和再用韵答之》悲愤顿挫于"汗血盐车无人顾，千里空收骏骨"，今人茅盾还有"风雷岁月催人老，峻坂盐车亦自怜"（《题高莽为我所画像》）之叹。一生多蹭蹬的苏轼，诗中盐车更是频现，"不知樗栎荐明堂，何似盐车压千里"（《别子由三首》）、"盐车困骐骥，烈火废圭瓒"（《李宪仲哀词》）、"莫嫌銮辂重，终胜盐车苦"（《徐大正闲轩》）等等，他讥讽当时盐政之弊的诗歌"盐事急星火，谁能恤农耕"

（《开运盐河》）、"岂是闻韶解忘味，迩来三月食无盐"
（《山村五绝》之三），后来成为他系身乌台诗案的"罪
证"，这也是盐业史上少有的因盐诗文获罪的例子。

以盐业、盐民和盐商生活为内容的诗歌也不少，如郭
璞《盐池赋》、白居易《盐商妇》、柳永《煮海歌》等，
其中成就最突出的是盐城籍的盐民诗人吴嘉纪，他咏
叹盐民生活苦辛的诗歌被誉为"诗史"。在明清小说中，

盐也特别抢眼，《红楼梦》
中林黛玉的父亲林如海
是钦点的盐政，《金瓶梅》
中西门庆也靠盐引捞一
票，《水浒传》中梁山好
汉李俊、李立等人都是卖
私盐的，《西游记》中狮
驼岭的青毛狮子怪吞下
了孙悟空赶紧喝盐白汤，
《三国演义》自然写到
孙坚担任盐渎县丞，《儒

梁山好汉李俊

林外史》叙写一年总要讨七八个妾的盐商淫靡生活，《官场现形记》中讽刺捐钱买官混迹官场的盐商，等等。

当盐在经济与社会生活中如此重要，它在文学艺术中自然重要。盐不但成了人们生活的必需品，也渗透了人类的文明，咸涩了文字等符号世界。

大美盐景

盐，又是一种风景。

夏天，红衣女人们纷纷来到青海，忍受着青藏高原

茶卡盐湖

强烈的紫外线和大幅的昼夜温差，只为了拍一张照片。像一群挤簇着叽喳着的火烈鸟，她们扑向茶卡盐湖。高原秘藏的纯净天空，晴空万里，锃亮、高深而朗润地蓝着。白云数朵，丝缎玉雪般耀眼。蓝天白云又都倒映在湖水中。盐湖盐晶厚积成盐坂，湖水仅能覆盖脚面，清澈如镜，天地梦幻般成了天与天的倒影。在天空的倒影中，红衣女人们踮起脚，双手举过头顶，扬起红色的丝巾，对着镜头风情万种。

以天空之镜为名，茶卡盐湖是我国目前最出名、也是经营得最为成功的盐业景观，七八月的暑期旅游旺季，每天游客都有三四万人，近几年的年接待人数都超过了三百万。天空之镜，是早已被人们命名的盐湖景观，最负盛名的是南美玻利维亚的乌尤尼盐沼，也是处于高原，海拔四千米，是世界上最大的盐湖，面积近一万平方公里，水平面高度差却不足一米，绝对地平整。二三月的雨季，厚厚的盐壳上才积有一二十厘米的清水，正好清晰地映射出湛蓝的天空，空间无限纯澈，不时还有粉红色的火烈鸟飞过，美得令人无法呼吸。

玫瑰湖

　　盐湖并不都是如海水般深蓝，由于含有其他矿物质、嗜盐菌藻，还会呈现出绿、黄、红、棕等颜色，缤纷多彩，竟然还有温柔的粉红色。西非塞内加尔的雷特巴湖就是这么一个浪漫的盐湖。雷特巴湖不大，三平方公里，如椭圆的粉钻嵌在大西洋边墨绿的森林中，人称玫瑰湖。每年十二月到次年一月，暴烈的阳光和湖中嗜盐菌等共同作用，让盐湖呈现出鲜嫩梦幻的粉红色，湖边环绕着白色的盐堆和金色的沙滩，玫瑰湖又被浓绿的森林环抱，蔚蓝的大西洋又紧紧拥抱着森林，这是童话里才有的纯净与美好，可爱得让所有的心都溢满温柔。玫瑰湖，一个造物主遗落人间的粉红色的梦。世界最著名的越野赛事巴黎—达喀尔拉力赛，终点就是这"小粉红"，不羁的野性邂逅了娇嫩的小可爱，浪漫蔓延。

　　盐湖中名头最响的是死海。仰面躺在深蓝的死海湖面，优哉游哉地看书看报的照片，让死海之名传遍世界，死海成了梦想的度假地之一。死海，自然的奇观，是东非裂谷的北部延伸。这是一块还在下沉的地壳，湖岸低于海平面四百多米，是世界上海拔最低的湖泊。它的最深处在湖面下近四百米，又是世界上最深的盐湖。死海含盐量极高，每升海水中盐分超过三百克，湖中除了嗜盐菌和一种藻类外，没有其他生物。它本是地中海的一部分，地壳运动导致山脉隆升隔断，已没有潮汐，又因蒸发量大于来水量，日渐缩小，真的成了死海。死海的湖水和海泥中富含各种微量元素，公元前就成为疗养胜地，人们纷纷前来用海泥浴、海水浴进行盐疗。死海度假，最惬意的便是用只篮子盛放吃喝，浮在湖面上任意

西东，泡着保健养生的海水，晒着因为海拔低而紫外线
不强的灿烂阳光，读书看报、谈情说爱、冥思小睡皆可，
漂浮在死海的湛蓝中，时光轻如羽毛。

我国盐湖众多，各种盐景争奇斗艳。开发历史最悠
久的河东盐池，隆冬，白色的芒硝（硫酸钠）从水中析
出，形成珊瑚枝一样的针状晶丛，大片大片的晶丛如同
琼枝玉叶，洁白莹透，珊珊可爱，人称硝淞。夏季，高
温下盐畦里玫红碧绿互现，当地人戏称"鸳鸯火锅"。
与茶卡盐湖同在柴达木盆地的察尔汗盐湖，则以盐喀斯

运城盐池硝淞

特著称，盐晶析出，盐花处处，各种盐柱、盐钟乳、盐礁、盐亭、盐桥、盐坝等多姿多彩。

作为自然景观的盐景，除了海洋、盐湖，还有盐丘、盐山、盐矿与盐碱地。盐湖干涸，盐分堆积的湖床被风沙掩埋，地质构造运动中又被挤压抬升，盐层拱起甚至刺穿上覆岩层，形成了穹隆或蘑菇状构造的盐丘、盐山，这种地质构造简称底辟。新疆温宿盐丘峡谷，是我国规模最大、保存最完好、最经典的葫芦状盐丘底辟构造，有七条支谷和五十多条小峡谷。蘑菇状的盐丘，地下连在一起呈葫芦状。雨水冲刷，岩盐渗入山体或是铺满岩面，崖壁生出洁白的盐石花。地下水浸蚀，山体内形成岩盐喀斯特暗河和盐溶洞，发育出珠帘状、葡萄串状的盐钟乳石，这是来自远古的岩盐地质绝景。说到旅游开发成功的盐矿，世界上著名的有波兰的维耶利奇卡盐矿、哥伦比亚的西帕基拉盐矿、巴基斯坦的凯乌拉盐矿等。维耶利奇卡盐矿是世界文化遗产，矿洞中有大大小小的教堂数十座，教堂的吊灯、壁画、雕塑都是精美绝伦的盐雕。西帕基拉盐矿被哥伦比亚人视为本国第一大奇迹，

维耶利奇卡盐矿教堂

也是以富丽庄严的盐矿大教堂著称。凯乌拉盐矿相传是由亚历山大大帝发现，岩盐纯度高达百分之九十九，晶莹透明，多为粉红色，矿中用粉红盐砖建有清真寺等多种建筑，又据说矿中环境对治疗哮喘病有特效，世界各国的患者慕名而来。至于盐碱地，从景观角度讲，它的地位连沙漠与戈壁都不如，沙漠与戈壁都被公众认为是有风光的，在苍凉与荒芜中显示出自然的蛮力。而盐碱地，说生不生，说死不死，板结、干燥，泛着碱花，自然以这样一种冷漠、邋遢、怠懒、怨结、没有灵魂之景，不让人的精神与情感有一丝落脚之处。这恰恰是盐碱地无风景之风景，可以让人找到自然的实质。

盐的风景，又不只是盐湖、盐丘、盐矿等自然地理景观，还有盐场、盐道、盐商建筑、盐俗等历史人文景观。我国的海盐、湖盐、泉盐、井盐、岩盐等盐资源丰富，历史悠久的河东盐场、长芦盐场、莺歌海盐场、自贡井盐、苏北盐场、儋州砚式古盐田、台湾布袋盐场、西藏芒康盐场等，至今还保留有传统的制盐工艺。这些盐场

西藏芒康盐田

与当地的自然和文化习俗共生，呈现出种种奇异的盐业景观。在盐城、自贡、扬州、运城、盐池、海盐、诺邓、大宁等因盐而兴的城镇，也能随处遇见古代盐业的遗迹，大片棋盘格的盐田、深宅大院雕栏画栋的盐商宅第与会馆、蜿蜒清亮的盐河、防潮泄洪的盐闸、荒草掩埋的羊肠盐道、鲜美独特的盐商盐民菜肴，还有新建的各种盐类博物馆中的文物。而各地盐风盐俗，也绝对需要你认真对待。最近，以色列总理内塔尼亚胡携夫人访问波兰，欢迎仪式上主人送上面包和盐，内塔尼亚胡撕了一块面包，蘸了盐咬了一口，递给夫人，他夫人竟把面包扔了！舆论哗然，这成了外交史上罕见的因无知而失礼的事件。古老的盐文明，不仅仅是历史记忆与遗存，它还以强健的生命力活跃在现代人的生活中。

盐的世界，到处是风景。

后 记

　　盐就是盐，学名氯化钠，微小的白色晶体，是维持人类生存的物质，作为调味剂在食品中使用，它提供了咸味。咸食是人类的饮食传统，自古盐就是"百味之王"。近年来全世界范围内掀起反盐潮，低盐成为健康生活的新指标，因为现代医学证实高盐和高血压等心血管病相关联。我国古代医书《黄帝内经》就有"多食咸，则脉凝泣变色"之说，认为吃盐太多，人的血管会变硬。但需要特别指出的是，低盐不是无盐，《管子》说"无盐则肿"，《周礼》说"以咸养脉"，《神农本草经》说"食盐坚肌骨，去肠胃结热"，现代科学研究发现，盐不但是人体必需的营养物质，而且还有维持人体酸碱平衡和体液渗透压等功能。谈盐色变，将盐视作毒药，也是一种病态心理。盐，这白色的"金子"，生命的必需品，人类从古吃到今，还将永远吃下去。

　　盐，又不只是盐。化学中的盐，指酸与碱反应的产物，是一个庞大的家族。祖母绿宝石是盐，是一种铍铝硅酸盐。

石膏是盐，成分是硫酸钙。肥皂是盐，成分是饱和脂肪酸钠。珊瑚、珍珠都是盐，成分是碳酸钙。绿松石是磷酸盐。我们食用的盐和它们是一家子。没有一种物质像盐这样持久而强烈地牵动着人类生活。早期人类生活中，盐稀有而珍贵，和珍宝一样成为神圣的象征物。《圣经》中盐是上帝和以色列人缔结盟约的永恒象征，《民数记》有记述："这是给你和你的后裔，在耶和华面前作为永远的盐约。"许多民族还把盐视作性和生殖力的神物，古代法国女人们为丈夫洗盐浴，增进其阳刚、健壮与性活力。面包和盐作为祝福，则是东欧一带的风俗。而对盐的占有、争夺、征贡与收税等，是国家权力产生与维持的基础之一，盐一直影响着人类社会的历史进程。薪水（salary），沙拉（salad），上座、坐首席（above the salt），社会中坚（salt of the earth）这些单词和短语，都说明古代盐（salt）在社会生活中的尊贵。现代社会，盐、盐业、盐文明的地位都跌落了，盐也更多用于工业与交通等，单单美国每年用于化雪的盐就达两千万吨左右。但作为自然与文化的盐的景观，却越来越普遍地引起人们探究的兴趣，伟大而深厚的盐文明的传承，也越来越受到重视。中国海盐博物馆应时而建，成为海盐文明传承的重镇。

盐城有了海盐博物馆，其丰饶的海盐文化资源纲举目张，有了旗帜、庋藏、整理、显扬与生发。本书在写作中，以中国海盐博物馆为乘舟，得以一窥盐文明的汪洋，作为盐城的子民，笔者何其幸也！这也是一次煮海为盐的过程，相较于盐的世界、盐的文明，本书只是大海中取出的一粒盐，而且还是汲取了众多已有研究成果的浓卤而煎成。如能与有缘者相逢，为其探求作一引线、触媒，用盐城老话讲那就叫好得不能，得喊一嗓子："小二，上酒！"这酒要敬的人太多，要敬创造了盐文明的先民们，要敬当年为建设海盐博物馆奔走的主事者与有识之士，要敬海盐博物馆的设计者程泰宁院士，要敬热情相助的博物馆黄兴港副馆长和黄明慧主任，要敬出谋划策的丛书执行主编朱冬生社长，要敬提供图片的摄影家孙华金、周晨阳、宋从勇、周维海、张捷、练益华、崔恒平、汪洋、周晨曦、周其实等，要敬提供资料的《响水日报》邵建华主编、龚成功主任和民间收藏家郑健祥先生，当然，还要敬你这远道而来的客人。

千年运盐河串场河依旧清流淙淙，两岸已然换了人间，盐场盐灶早就变成了良田与村镇。运盐船的帆影消失在历史的长河，中国海盐博物馆却矗立在范堤烟柳中。为集中展现海盐文明，盐城市在串场河边打造了海盐历史文化风貌区，海盐博物馆的正北，就是盐镇水街，浓缩了老盐城的文化景观。盐镇水街又头尾相接地连上了盐渎公园，湖光林色，鹭鸟飞翔，一派湿地风光。海盐历史文化风貌区，是盐城自然与历史文化的缩微。

　　走一走盐道，看一看盐景，探一探盐史，听一听盐曲，尝一尝盐味，中国海盐博物馆欢迎你，盐城欢迎你。

孙曙

2019 年 8 月 29 日

◇ 参考文献

1. 曾仰丰：《中国盐政史》，河南人民出版社 2016 年版。

2. 徐弘：《清代两淮盐场的研究》，台湾嘉新水泥公司文化基金会 1972 年版。

3. 盐城市政协学习文史委员会、盐城市文化局：《盐城馆藏文物》，《盐城文史资料》第 21 辑 2008 年 12 月。

4. 赵启林、张银河：《中国盐文化史》，大象出版社 2009 年版。

5. 何清、曾凡英、罗小兵：《诗意之盐：唐代盐诗辑释》，巴蜀书社 2011 年版。

6. 盐城市政协学习文史委员会：《史海盐踪》，中国文史出版社 2016 年版。

7. 施建石等：《盐城印记》，江苏人民出版社 2007 年版。

8. 王志坚：《淮盐今古》，中国文史出版社 2005 年版。

9. 游建军、蔡乐才：《中国盐文化研究论文选编》，四川人民出版社 2013 年版。

10. 盐城市海盐文化研究会：《海盐文化论丛》，内部资料 2006 年 12 月。

11. 曾凡英等：《盐文化研究论丛》第二辑，巴蜀书社 2008 年版。

12. 李文芬等：《庙湾纪珍》，江苏人民出版社 2006 年版。

13. 〔美〕马克·科尔兰斯基：《万物之用：盐的故事》，夏业良译，中信出版社 2007 年版。

14. 曹爱生：《淮盐百问》，江苏人民出版社 2012 年版。

15. 秦昭：《盐的景观：世界篇》，中国林业出版社 2014 年版。

16. 朱千华：《盐的景观：中国篇》，中国林业出版社 2014 年版。

17. 谢仁才：《话说盐文化》，南京大学出版社 2013 年版。

18. 〔日〕宫崎正胜：《味的世界史》，安可译，文化发展出版社 2019 年版。

19. 曾凡英等：《中国盐文化》第十辑，西南交通大学出版社 2018 年版。

20. 黎忠义、尤振尧：《江苏射阳湖周围考古调查》，《考古》1964 年第 1 期。

21. 邹卫鹏：《秦巴古盐道》，陕西师范大学出版社 2017 年版。

22. 徐顺荣：《扬州古代盐业盐运史述》，广陵书社 2017 年版。

23. 乐维国：《东台盐史丛谈》，广陵书社 2009 年版。

24. 舒瑜：《微"盐"大义》，世界图书出版公司 2010 年版。

25. 马恒宝：《扬州盐商建筑》，广陵书社 2007 年版。

26. 徐顺荣：《扬州繁华以盐盛》，广陵书社 2017 年版。

27. 周宗奇：《鹾盐传》，作家出版社 2015 年版。

28. ［法］让－马克·阿尔贝：《权力的餐桌》，刘可有、刘惠杰译，三联书店 2010 年版。

29. ［英］杰克·古迪：《烹饪、菜肴与阶级》，王荣欣、沈南山译，浙江大学出版社 2017 年版。

30. 吴海波：《两淮私盐与地方社会：1736—1861》，中华书局 2018 年版。

31. 张国旺：《元代榷盐与社会》，天津古籍出版社 2009 年版。

32. 盐务署：《中国盐政沿革史》，河南人民出版社 2018 年版。

33. 李何春：《动力与桎梏：澜沧江峡谷的盐与税》，中山大学出版社 2016 年版。

34. 张朋、刘俊：《晋商五百年：河东盐道》，山西教育出版社 2014 年版。

35. 陈玉树、胡启东等：《光绪盐城县志·民国续修盐城县志稿·民国盐城续志校补》，江苏古籍出版社 1991 年版。

36. 邓华、丁宁、张京明等：《潍坊盐文化史》，中国轻工业出版社 2009 年版。

37. 倪玉平：《博弈与均衡：清代两淮盐政改革》，福建人民出版社 2006 年版。

38. 汤锡华：《续淮南中十场志》，内部资料 2015 年 7 月。

39. 陈卯轩：《社会危机与法律变革：南京国民政府时期的新盐法风波研究》，上海三联书店 2017 年版。

40. 唐为、顾永庚等：《射阳盐场：风雨征程四十年》，内部资料 1998 年 10 月。

41. 施东明等：《老盐城：不得不说的故事》，苏州大学出版社 2018 年版。

42. 吴方友：《我们盐场的事》，新疆青少年出版社 2007 年版。

43. 夏建军：《说盐与用盐》，人民军医出版社 2012 年版。

44. 陈红红等：《盐城海盐文化》，南京大学出版社 2015 年版。

45. 王俊：《中国古代盐文化》，中国商业出版社 2017 年版。

46. 王达银：《盐徽古韵》，作家出版社 2003 年版。

47. 桓宽：《盐铁论》，上海人民出版社 1974 年版。

48. 政协盐城市大丰区委员会：《大丰启海人》，中国文史出版社 2016 年版。

49. 李从嘉：《舌尖上的战争》，吉林文史出版社 2018 年版。

50. 中共江苏省盐业公司委员会、中共连云港市委党史工作委员会：《革命战争中的淮北盐场》，华夏出版社 1994 年版。

51.《中国国家地理》杂志社：《盐专辑》，《中国国家地理》2011年第3、4期。

52. 曾凡英等：《盐文化研究论丛》第三辑，巴蜀书社2009年版。

53. 周梦庄：《海红遗编》，江苏人民出版社2018年版。

54. 郭正忠等：《中国盐业史·古代编》，人民出版社1997年版。

55. 丁长清、唐仁粤等：《中国盐业史·近代当代编》，人民出版社1997年版。

56. 唐仁粤等：《中国盐业史·地方编》，人民出版社1997年版。

57. 张富祥：《东夷文化通考》，上海古籍出版社2008年版。

58. 王迅：《东夷文化与淮夷文化研究》，北京大学出版社1994年版。

59. 朱继平：《从淮夷族群到编户齐民》，人民出版社2011年版。

60. 凌申：《射阳湖历史变迁研究》，《湖泊科学》1993年第3期。